保护地的动物朋友

邓涛 著

江西科学技术出版社
江西·南昌

图书在版编目（CIP）数据

保护地的动物朋友 / 邓涛著. -- 南昌 : 江西科学技术出版社, 2024.4
ISBN 978-7-5390-9001-6

Ⅰ. ①保… Ⅱ. ①邓… Ⅲ. ①自然保护区 - 野生动物 - 江西 - 少儿读物 Ⅳ. ①Q958.525.6-49

中国国家版本馆CIP数据核字(2024)第070156号

国际互联网(Internet)地址：
http://www.jxkjcbs.com
选题序号：**ZK**2024022

保护地的动物朋友
BAOHUDI DE DONGWU PENGYOU
邓涛 著

出版发行	江西科学技术出版社
社址	南昌市蓼洲街2号附1号 邮编：330009 电话：(0791)86623491 86639342(传真)
印刷	江西千叶彩印有限公司
经销	各地新华书店
开本	787 mm × 1092 mm 1/16
印张	10
字数	100千字
版次	2024年4月第1版
印次	2024年4月第1次印刷
书号	ISBN 978-7-5390-9001-6
定价	38.00元

赣版权登字-03-2024-40

序

很长一段时间，我都对动物保持着谨慎的态度——直到家里收养了四只流浪猫。

女儿在外地工作，猫儿像孩子一样陪伴着我和妻子。我们一起生活，日复一日，年复一年，家里成了它们小小的保护区。四只花色各异的猫，告别了饥寒交迫的日子，俨然成了家庭成员，被宠成了无忧无虑的少爷或公主，它们的眼睛里时常闪动着一种温暖。

后来，我去了遂川南风面、九江、武功山、鹰潭等地进行考察，领略到了多姿多彩的动物世界。

一个个独具特色的自然保护区，肩负着高标准打造美丽中国“江西样板”的使命，成为生态文明建设高地的生动名片。

整个地球就是一个大家庭，所有的动物都是家庭成员。动物们同样有丰富的表情，从它们的行为中可以看出欢乐、忧郁、紧张或恐惧。如今，中国的生态文明建设取得了很大成就，各种动物在保护区内获得了新生，一些动物将从对人类的警惕，逐渐转变成对人类的信任。

于是，我将目光眺向江、湖和森林，开始记录动物们在野外穿行的“印记”。每种动物都有关于自己生存的传奇故事，它们的情感和生活经历，也有人类需要学习的东西。

我并没有刻意地选择，而是打算先将江西省内自然保护区的一些动物推介给小读者们。期望能够通过这本《保护地的动物朋友》，为他们打开一扇观察动物的窗。

目录

鄱阳湖“一哥”：白鹤

你看——

那一对大鸟，红脸，细长的腿呈粉红色，翅的尖端像穿了黑色袖套，浑身的羽毛雪一样白。它们就是白鹤，正沉浸在快乐的“二鸟世界”中。

有许多小朋友，会将丹顶鹤当作白鹤。虽然外形上有些相似，它们可不是一种鸟。最明显的区别是：丹顶鹤顶着红色“鹤冠”，个头也比白鹤大。在羽衣、习性、生活环境和覆盖的区域等方面，它们之间的差异也很大。

这对白鹤夫妇兴高采烈地布置着自己的新家，它们在湿地的草墩上筑巢，一会儿叼来枝条，一会儿又叼来干草。看样子，母鹤是有喜了。不一会儿，只见它身体轻微一颤，生下了一枚椭圆形的蛋，接着，从它的身下又滚出了一枚——母鹤一连产下了两枚蛋。

公鹤喜出望外，一直贴心地守护在母鹤旁边。下完蛋后，母鹤安静地趴在窝里，这种稀缺的鸟将要迎来新生命了。

这是一对令人称羡的恩爱夫妻，有人出于好奇想去细细观察一下，公鹤可不答应。它进入紧急戒备的状态，迅速冲上前堵截来人。它张开翅膀，气势汹汹，表现出一副生人勿近的模样。

一天，忽然下起了雨。这样的天气，其他鸟儿都躲起来了。母鹤顶着雨，仍然一动不动地坚持孵蛋。公鹤在站岗放哨的时候，若觉着母鹤太辛苦，也会与母鹤换换。它飞进巢里，伏在蛋上，示意母鹤外出觅食，活动活动身子骨。

白鹤夫妇不辞辛劳，夜以继日地孵蛋。它们很默契，公鹤值白班，母鹤值夜班。这样的生活要持续一个月左右，日子虽然辛苦和枯燥，但想到宝宝很快就要降生了，它们心里乐滋滋的。

时间过得飞快，白鹤宝宝似乎是急着与爸妈相见，在壳里面开始不安分地啄着蛋壳，迫不及待地想要出来。白鹤夫妇紧张极了，它们在一旁揪着心，静静等候孩子破壳而出。

终于，毛茸茸的白鹤宝宝啄破蛋壳，扑腾扑腾，出来了。白鹤夫妇瞪大眼睛，欢欢喜喜地看着自己的孩子：它一身金棕色，可好看了！白鹤宝宝也扬起头，懵懂地观察着新奇的世界。

白鹤夫妇一边喂养大宝宝，一边等待二宝宝的破壳。很快，二宝宝也破壳而出。白鹤夫妇一起抚养两个宝宝，找到食物后会

带回来一口一口地喂给它们吃。清澈的湖水微微荡漾着，两只白鹤宝宝在爸爸妈妈的悉心呵护下，蹒跚地走进湖里开始学习游泳了。“扑通”一声，又“扑通”一声，两只白鹤宝宝跳进水里，脚掌憋着劲儿划呀划，一家人在清澈的湖里游来游去，享受着天伦之乐。

如果是在浅滩上，白鹤夫妇会一边走，一边将嘴和头沉入水中采食，虽似闲庭信步，却不时抬起头，观察四周的动静。夫妇俩寻觅小鱼、小虾、昆虫之类，还会找些植物的嫩芽、种子，喂给白鹤宝宝吃。要过很长时间，白鹤宝宝才能学会自己挖泥觅食。

除了喂养宝宝之外，白鹤夫妇还需做好警卫工作。天空中不乏对白鹤宝宝虎视眈眈的天敌。有一天，一只飞扬跋扈的红腿鹞（yào）竟然叼走了一只白鹤宝宝，白鹤夫妇迎风冲上了天空，声嘶力竭地叫喊着，用尖细的利喙（huì）与红腿鹞搏斗，要夺回孩子。在白鹤夫妇犀利的攻势下，红腿鹞渐渐招架不住，丢下白鹤宝宝，落荒而逃。白鹤夫妇总算长长地舒了口气。

那只白鹤宝宝伸长脖子，扑簌簌地抖动着身体，调皮地用脚拍打着浅滩的水面，溅起了水花。它好像已经忘记了刚才遇险的经历。

除了空中的鹞子，还有地上的蛇和鼠等，它们都嚣张得很，时常会大摇大摆地过来欺负白鹤宝宝。这可把白鹤宝宝给吓坏了。遇到敌人时，白鹤宝宝会躲到白鹤妈妈的翅膀下，白鹤爸爸更是展现出遮风挡雨的担当，勇猛地上前搏斗——蛇、鼠这些动物根本不是它的对手。

经历了危险，白鹤宝宝懂得了在父母身边才最安全，它们紧跟在鹤爸鹤妈边上，寸步不离。出生85天后，白鹤宝宝的羽毛渐渐长长了出来，可以学习飞翔了。它们跃跃欲试，使劲地扇动翅膀，要跟爸妈学习飞翔。鹤爸鹤妈不急不慢，耐心地陪着它们练习飞行。要知道，白鹤宝宝哪怕只受一丁点儿伤，就有可能短时间内飞不起来了。

白鹤宝宝每天都坚持练习，白鹤夫妇更是操碎了心。它们一直陪着，一次，两次，三次……白鹤宝宝越来越强壮，飞得一次比一次高，终于能像鹤爸鹤妈那样盘旋了。

白鹤宝宝渐渐长大，它们不但可以拥抱湖泊，也能和爸爸妈妈一样征服天空了。

白鹤过着群居的生活，像人类一样白天活动。夜间，一两只鹤充当哨兵，其他的鹤可以睡觉休息。它们的睡姿可有意思了：单腿直立，将头扭到后面，放在背上，或者干脆将嘴喙插进羽毛里。

到了10月下旬，金灿灿的秋天来了。白鹤们似乎约好了，它们组成“一”字或“人”字形的队列，一只接一只地落在**鄱阳湖**的湿地上。白鹤的队伍浩浩荡荡，数量数都数不过来，数量多的队伍足有上百只。到11月初，当最后一支白鹤队伍抵达后，鄱阳湖湿地便成了它们的王国。

天蓝蓝，水蓝蓝。全世界大多数的白鹤都会到鄱阳湖这片广阔的洲滩上过冬。飞来的这一路上可不容易——恶劣的天气，随时都可能消耗完的体能；路途中不熟悉的环境，也可能让它们定位错误，无法顺利抵达目的地。

现在好了，终于到冬天的家了。在风餐露宿地远行之后，这里的生活显得尤为富足而惬意。

在半年左右的时光里，白鹤们可以分散活动。小白鹤跟着鹤爸鹤妈将度过愉快的冬日生活，来年春暖时节，再去北方。

成千上万的白鹤在鄱阳湖栖息，它们是那么依恋这方水土，形成了白居易笔下“**鸟飞千白点，日没半红轮**”的奇观。白鹤是鸟类中的“活化石”，作为江西的省鸟，也无疑是这里的“一哥”。

白鹤的寿命通常有70来岁，在动物中算是寿星了。在中国传统文化中，白鹤象征着吉祥、如意、长寿。鄱阳湖上响起一片鹤鸣声，那些德才兼备的隐士被称为“鹤鸣之士”。是呀，这一带自古便是高人的归隐处。而今天白鹤的集结，仿佛是大自然对这片土地最美好的祝福。

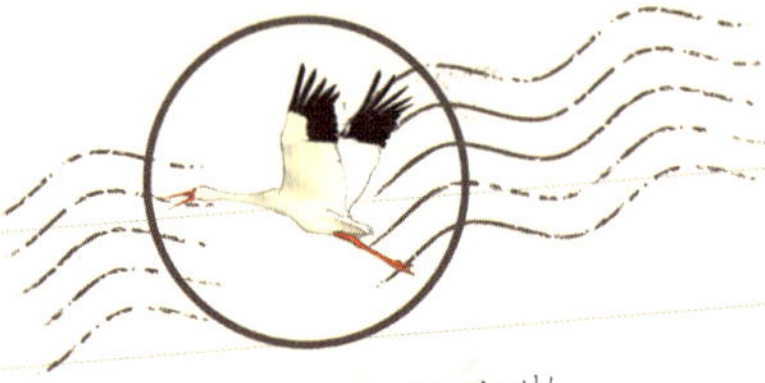

白鹤

主要栖息于开阔平原沼泽草地、苔原沼泽和大的湖泊岸边及浅水沼泽地带，对浅水湿地依恋性强。在江西省常见于江西鄱阳湖国家级自然保护区、江西鄱阳湖南矶湿地国家级自然保护区等地。

白鹤脸上裸皮呈红色，腿呈粉红色。初级飞羽呈黑色，展翅时才可见。幼鸟体羽为金棕色；虹膜黄色，喙橘黄色，脚粉红色。雌雄羽色相同，雌鹤体型略小。白鹤因其通身羽毛洁白，只有翅的尖端是黑色，故又称“黑袖鹤”。

白鹤常单独、成对或成家族群活动，迁徙季节和冬季常集成数十只甚至上百只的大群，筑巢于荒原冻土带的沼泽中，在富有植物的水边浅水处觅食。白鹤为杂食性鸟类，以苦草、眼子菜、薹草等植物的茎或块根为食，也吃水生植物的叶、嫩芽和少量蚌、螺等软体动物为代表的动物性食物。

由于栖息地的改变和破坏，外来引入种群竞争，自身繁殖成活率低，国际性的环境污染等因素，白鹤现已濒危。人类破坏环境和捕杀是白鹤濒危的主要原因。白鹤现被列入中国《国家重点保护野生动物名录》，被认定为国家一级保护野生动物，被世界自然保护联盟（IUCN）“濒危物种红色名录”列为极危（CR）物种。

延伸阅读

鄱阳湖湿地是一个重要的生态环境，具有生物多样性和生态旅游价值。鄱阳湖湿地位于江西省北部，是江西鄱阳湖国家级自然保护区的重要组成部分，主要保护对象是白鹤等珍稀候鸟及其越冬地。

彭蠡湖晚归

［唐］白居易

彭蠡湖天晚，桃花水气春。

鸟飞千白点，日没半红轮。

何必为迁客，无劳是病身。

但来临此望，少有不愁人。

译文：彭蠡湖畔天色已渐渐暗下来，岸边的桃花在晚风中摇曳，湖水泛着春意。鸟儿在湖面上渐渐飞远，最后在天边变成无数个白点，夕阳将半个天空染成红色。我遭贬而经历过多次迁徙，现在已落得一身病痛。即使面对如此美丽的景色，仍不能忘却那诸多忧愁和烦恼。

赏析：诗中通过描绘彭蠡湖（今鄱阳湖）傍晚的景象，表达了诗人对自然美景的欣赏和对人生境遇的感慨。

叫阵的军头：虎纹蛙

雨后的山麓，水汽袅（niǎo）娜（nuó），像是电影中的魔幻世界。

虎纹蛙很快就要进入冬眠了。在越冬前，它们会大量进食，随后钻入流水边的土壤里，不吃不动地大睡一觉，整个冬天都不见它的踪影。

虎纹蛙一觉睡到春天，直到山野恢复满满的生机，山花竞相开放的时候，它们才会从一场大梦中醒来。听到亲切的流水声，它们就“扑通”一下跳进去，伸展着四肢，快活地游起来。

虽然虎纹蛙习惯了半梦半醒的生活，但它们一醒来，就要告诉世界自己的存在。它们摆出响当当“亚洲之蛙”的派头，气力十足，连绵不断地“喧哗”。无数虎纹蛙的叫声像暴风雨般猛烈，响彻成片的乡野。每年惊蛰前后，万物复苏，昆虫们纷纷出洞，春雷也配合着虎纹蛙的叫声，在天空中炸响。

虎纹蛙口阔腹大，披着一身威风八面的虎纹，鼓着眼睛，凶巴巴的样子。淡红色的天边，太阳落下，月亮渐渐升起，湿地迅速被蛙声“点燃”，它们不停地叫着，用声音来霸占乡野。到处都是虎纹蛙的大嗓门，此起彼伏遥相呼应，声势张扬。

傍晚时分，虎纹蛙趴在稻田、沟渠之间，立于池塘、水库之畔，它们不知疲倦地叫着，闹腾几个小时也停不下来。到了夜晚，虫鸣声渐渐嘈杂，蝈蝈、纺织娘、蟪（huì）蛄、黑蚱蝉等纷纷发出叫声，其中有刺耳的高音，也有似呢喃的细语。但虎纹蛙的叫声，犹如惊湍（tuān）飞泻，气壮九霄，一往无前。它发出的洪亮单音，没有回旋起伏，唯恐天下不闻，强大的气场让所有昆虫像是摇旗助威的喽啰。

虎纹蛙的这种霸王之气，与军头像极了。它们有着自己的一亩三分地，守着名下的水田、沟渠、池塘、湿地。路过的人都能听见虎纹蛙齐刷刷的叫声，但只见青秧、芒草、荆棘，却不见它们的身影。

熬过漫长的冬眠时光，虎纹蛙在经过了生死旅程后，完成了生命的回归。它们把内心潜伏的情绪猛地调动起来，发出响亮的声响。它们的叫声是整个湿地的欢乐，人们可以从中听到夜的明朗。

大山的夜色很浓重，但蛙声将这层浓重撕开了一个口子。这叫声里有虎纹蛙对生命的呼唤。在骚动的繁殖季节里，雄性虎纹蛙鸣叫，引雌性过来抱对，产卵，生命得以延续。

虎纹蛙吻端钝尖，个头比一般青蛙要大很多。它们与青蛙属于不同的种类科属，背侧表皮和颜色也很不相同。比起个头比它们大些的美洲牛蛙，虎纹蛙背上密布长长短短的肤棱，牛蛙的皮肤则光滑得多。

虎纹蛙有着健硕的身体，是田野里的金刚，它们好像忘了自己曾经也有小小蝌蚪的“卑微之身”。它们大腹便便，稳如磐石地蹲着，怒目圆睁，散发出腾腾杀气。虎纹蛙是田里的小霸王，大多时候在夜里用餐。在广阔的领地里，虎纹蛙是不可一世的肉食性动物。它们太贪吃，像愣头青一样，敢于深入沼泽险地，就算是面对个头比它们大的猎物，也张着大嘴，只要肚子装得下，它们就敢吃。蝗虫、蜻蜓、蝶蛾、甲虫等都是它们的口中食，就连有毒的千足虫，它们也能吃得津津有味。与许多蛙类不同的是，虎纹蛙不仅能猎食昆虫、虾、蟹，而且还喜欢螺蛳肉、蚯蚓等泥沙中的食物。它们也会吃一些腐食，如死鱼。

虎纹蛙的眼睛结构与其他蛙类不同，它们有着敏锐的视觉。它们那一瞬间的捕食过程，可以分解为复杂的分镜头：发现运动中的猎物时，朝猎物飞跃而起；长舌犹如弹簧，弹射而出——那

根灵活、黏滑的长舌头亮出天生绝技，以180° 的弧线掠过，精准地将猎物包住；长舌头卷回口腔，猎物被囫囵吞入。

就算遇见有毒的蝎子，虎纹蛙凭借强大的咬合力也能轻而易举将其制服，如同猫儿逗老鼠。冷酷的“虎性”，让它不顾手足之情，小型的青蛙如泽蛙等，有时也是它的盘中餐。

田野是虎纹蛙永远的家乡，对于听见蛙声的人们来说，蛙声也能够唤起他们悠长的乡愁。蛙声打破大地的寂寥，熟悉而亲切，勾起了游子对故乡的回忆。**陆游**写下《闻蛙》，也许就是听到了田野上的蛙鸣吧？“**科斗忽安在，蛙声豪有余。虽成两部乐，恨失一编书。忿怒缘何事？号呼可奈渠。厨人不遐弃，犹得伴溪鱼**”。

作为水陆两栖动物，有人喊虎纹蛙水鸡、坐鱼，大家更为熟悉的“田鸡”之名，远远比虎纹蛙要响亮——这个名字在明清时期就被叫开了。许是因为虎纹蛙肉堪比鲜嫩味美的鸡肉，一直被认为是大补元气、治脾虚的营养品，以前家里的小孩子长身体的时候或有生病的人，家人会想办法捉几只大的虎纹蛙炖来给他们吃。

在过去，小贩的叫卖声曾掩盖了笼篓里孤独的蛙鸣。其实在任何时候，虎纹蛙都不输气场，即使生死悬于一线，它们也是一副沉着冷静的样子，似乎已经看清大自然弱肉强食的本质。

广布于南方的虎纹蛙，曾在环境变化和人类过度捕杀中，数量骤减，早在1989年就被列为国家二级保护动物，也是目前唯一被列入《国家重点保护野生动物名录》的蛙类。

现在，在广阔的山野里，虎纹蛙能够尽情地鸣叫。这是虎纹蛙的小世界，在每一个黄昏，它们能够快慰地醒来，叫阵山头。蛙声越喊越急，明天将有一场大雨。等到夏天，稻花香里说丰年，再听取蛙声一片。

虎纹蛙

稻田中个头最大的一种蛙，也是中国南方稻田消灭害虫的主要蛙种之一。因背部黄绿色，有不规则的深色斑纹，四肢有横纹，看上去像虎身上的斑纹而得名。

虎纹蛙分布于我国江苏、浙江、湖南、湖北、江西、安徽、广东、广西、云南、四川和陕西南部等地，常栖息于海拔900米以下的水田、沼泽地等处。在江西省常见于江西庐山国家级自然保护区、官山国家级自然保护区、赣江源国家级自然保护区等地区。

虎纹蛙白天时多隐蔽于田边洞穴中或土隙间，夜间活动，具有冬眠习性。主要以鞘翅目昆虫为食，也会吃蜘蛛、蚯蚓、虾、蟹以及它们的尸体等。

由于滥用农药，生态环境遭破坏，加上滥捕，虎纹蛙的数量剧减，被列为国家二级重点保护水生野生动物。

延伸阅读

陆游（1125～1210年），南宋时期杰出的诗人，他与尤袤、杨万里、范成大并称为“南宋四大家”。陆游的诗歌以其高度的爱国思想和独具一格的“放翁体”，在文学史上享有崇高的声誉。

闻蛙

［宋］陆游

科斗忽安在，蛙声豪有余。

虽成两部乐，恨失一编书。

忿怒缘何事？号呼可奈渠。

厨人不遐弃，犹得伴溪鱼。

译文：蝌蚪突然去哪儿了，青蛙的叫声非常响亮。虽然我听到了青蛙奏鸣的两部乐，但毕竟蝌蚪都变成青蛙了，我也无法像欣赏蝌蚪书一样观赏蝌蚪了。愤怒缘于什么事呢？号呼也奈它不得。厨师不舍得丢弃它，它仍可以与溪中的鱼儿相伴。

“虽成两部乐，恨失一编书”这两句话中引用了一个出自《南齐书·孔稚圭传》的典故。说有一个叫孔稚圭的人不打扫自家庭院，所以院子里长满了草，里面还有蛙鸣，有人就笑他说“你难道想学陈蕃吗？”（陈蕃就是被写进《滕王阁序》“徐孺下陈蕃之榻”的东汉时期名臣，据记载，他因不扫庭院而强调说“大丈夫处世，应该志在扫天下”而闻名）孔稚圭笑说：“我不过是把蛙声当两部鼓吹，何必是学陈蕃呢！”鼓，指的是敲击钟鼓；吹，指的是管乐，如笙、笛之类，所以鼓乐、管乐被称为“两部乐”。

“恨失一编书”中的“书”指的是蝌蚪书，古代把篆书、籀书等古文字叫做蝌蚪书，这句话是以“一编书”来比喻蝌蚪。两句意思是虽然我听到了青蛙奏鸣的两部乐，但毕竟蝌蚪都变成青蛙了，我也无法像欣赏蝌蚪书一样观赏蝌蚪了。

赏析：本诗古拙深邃，颇具玄思。全诗描绘了作者在听到蛙声时的思绪和感受，作者借蛙声抒怀，极力书写内心的苦闷之情，有才华无人赏识的遗憾，有遭遇不平之事的愤懑与号呼，也有磨难打击下的坚忍。

很酷的鹿：黑麂（jǐ）

寻找黑麂是一件费劲的事。它们存量过于稀少，而且抗拒一切陌生的“来访”。黑麂是中国独有的动物，生活版图收缩在浙、皖、闽、赣等局部区域。

很多人以为黑麂是鹿。虽然“麂”字里有鹿，也算是鹿族，但它们是独一无二的、很酷的“鹿”。它是动物界的艺术家，蓬头，但不垢面，酷炫的“发型”配上冷峻的面孔和细小的獠牙，一副特立独行的派头。它们深居简出，白天隐伏在石洞、丛林中，警惕地与外界保持着距离，眼睛里满是机警。它们生性低调，远离人群，以至于很多人不知道它们的存在。它们虽然大名叫黑麂，但并不是一身黑。它们的皮毛冬天呈暗褐色，夏天呈棕色，仅仅脊背那一条是黑色的，尾部腹面还是纯白的。额项部有5～7厘米的簇状鲜棕或浅褐或淡黄色的冠毛，甚至可以将短角遮住。

黑麂有一大堆别名，如乌金麂、红头麂、红头青麂、蓬头麂、乌獐、乌猄等。黑麂的体型在麂类中算大的，体长100～130厘米，肩高差不多有60厘米，体重有20～25千克，少数“大块头”甚至可以突破40千克。

黑麂白生了那么大个儿，在动物世界却是个软柿子，貌似强壮的外表下面藏着一颗脆弱、敏感的心灵。它们躬着背，一蹿一蹿地进入夜色下的群山。它们是孤苦的夜行者，谨小慎微。它们在树林、草坡上寻找鲜嫩的枝叶、花果、豆类、蔬菜和种子，吃几口，草草地咀嚼后，立马吞咽下去，走动一会儿，又回过头来吃，如此反复。它们总是无法专心致志地进食，风吹草动都令它们心生恐惧，圆溜溜的大眼睛不时地顾盼四周。

江西景德镇市浮梁县、上饶市铅山县等地的山区为黑麂提供了丰富的食物，山上香甜、多汁的植物，填饱了黑麂的肚皮。它偶尔也会调整一下食谱，尝尝肉。黑麂吃肉！这令人大跌眼镜，它们真是鹿类动物中的异类啊！

吃饱喝足后，黑麂会找个隐蔽的地方，悄悄俯卧**反刍**（fǎn chú）。即便是在休息，它们也总是竖起两只短而圆的耳朵，一副小心倾听的样子，时刻处于警戒状态。微小的声响就能触动它敏感的神经，稍有动静，毛都竖立起来，眼睛也盯过去，张望一番。

黑麂弹跳力出色，仿佛是一只大号的兔子。它们的游泳技能无与伦比，一般的猎犬根本没办法捕住它。一旦形势不妙，它们便抬起蹄子奔逃，如离弦之箭，“嗖”的一声，迅速地钻进深幽的丛林，一下子就不见了踪影。跑了很远后，它们又会折回观察一下，见没了动静，才放了心，吃些食物补充体力。

黑麂有相对固定的活动领地，陡峭之处也能踩踏出熟悉的路线。

世界上大体有两种动物，一种是具有攻击性的熊狼虎豹，肆无忌惮，横冲直撞，掌握着霸权，另一种是苟且偷生的“苦劳大众”。黑麂就是后一种。它们属于动物界的弱势群体，处处设防，灵魂深处烙着“惹不起，躲得起”的求生信条。对于躲躲藏藏的生活，它们已经习以为常。

黑麂不以群居的方式集结，而是分散式躲藏，形成不了明显的目标。在胆小这方面，与鼠相比，黑麂有过之而无不及，“胆小如鼠”不如换成“胆小如麂”。虽说胆子小，但它们的脾气却很大，气上了头，会选择自残，有时竟然会被活活气死。

黑麂交配繁殖不受季节影响，雌性的妊娠期通常为5～7个月。黑麂夫妻相依为命，一起觅食。雄麂走在前面，雌麂尾随其后，被捕获或猎杀的时常是雄麂。在遇到危险时，雄麂一边与敌人周旋，一边发出急促、凄惨的叫声，催促着雌麂逃离。

黑麂一代又一代如履薄冰地活着。它们的寿命是10～11年，

一生都像在被通缉状态，永远在逃亡的路上。

很多动物，包括人类，都对黑麂虎视眈眈。有句俗话说：“水中鳗（mán）鲡（lí），山上的麂”，说的就是麂肉的美味。过去，在冬天来临的时候，猎户会进山打上一只麂，将肉用干辣椒、姜、醋爆炒或红烧后下酒，暖身进补。麂曾经是中国每年捕猎量最大的鹿科动物，所幸如今已被法律禁止。在民间有传言：“麂入房门为大凶之兆。”可人们偏偏又要割其角、剥其皮、吃其肉。割其角，说“麂角”谐音“吉角”，避邪。长久以来，麂肉、野猪肉是极寻常的野味，很多人觉得这是大山给人类的礼物：麂肉食补效果好，麂皮比羊皮厚实，是上等皮料。

麂在1500万年前就出现了，比人类的到来早得多，但这种比人类更有“资历”的动物却沦为了人类的猎物。它们只能一个劲地奔逃，可追猎它们的人没有丝毫放过它们的意思。人畜无害的黑麂被赶到一个绝境的边缘。这个拥有强大生命力的繁茂族群，生生被捕杀成了濒危动物。

杜甫看不过去，很生气地表达他的不满：“**永与清溪别，蒙将玉馔（zhuàn）俱。无才逐仙隐，不敢恨庖（páo）厨。乱世轻全物，微声及祸枢（shū）。衣冠兼盗贼，饕（tāo）餮（tiè）用斯须。**”麂的命运揭露了贪婪的人性。

人类在某一刻，仿佛顿悟了，命运多舛的黑麂迎来了新的生活，它们是幸存者，终于“翻身得解放”。

如今，黑鹿与大熊猫享受着同样的待遇，已然成为山林里的贵族，受到一级保护，人类对它们“知冷知热”。黑鹿甚至有点“诚惶诚恐”，这种容易受到惊吓的动物，依然不安地注视着世间，而一些祖祖辈辈都是猎户的人，也伸出早已放下屠刀的双手，在泥泽中救下误入的黑鹿。

有一次，一只年迈的黑鹿被肉食动物追赶，竟选择了向人类求救，人们在它的眼睛里看到了信任。危机解除后，人们给黑鹿披上一块红布，小心翼翼地送它回山。

几台红外线摄像机发现一只黑鹿在阳光下从山脚奔向山巅。它一脸懵懂，没有顾忌，像释放天性的孩子，一路跳过水流、岩石密布的山林、背阳的草坡和高山草甸，去看这个季节的风景。

这只开心的黑鹿，与山的曲线融为一体。没有敌人追赶它，它身心放松地奔跑着，浑身闪动着生命的光芒。

此时，黑鹿拥有了真正属于它们的家园。

苍莽的怀玉山在黑鹿奔跑身影的映衬下显得格外伟岸。

黑麂

偶蹄目鹿科麂属哺乳动物，别称青麂、红头青麂、乌金麂、蓬头麂。体型较大，雄性有短角，基部通常分一小叉，雌性无角，尾长。体毛呈暗褐色，头的两角之间及周围有棕黄色毛簇；尾背黑色而腹面纯白，臀缘及足基部靠蹄处亦呈白色。

黑麂分布于我国浙江、安徽、江西和福建等地。栖息于亚热带海拔1000米以上的山地常绿阔叶林区及常绿、落叶阔叶混交林和灌木丛中。多晨昏活动。具有惊人的游泳本领，有游走觅食的习性。黑麂是杂食性动物，进食灌木嫩叶、杂草、伞菌及落果，偶尔也吃动物性食物。在江西省多见于官山国家级自然保护区、齐云山国家级自然保护区、九连山国家级自然保护区以及浮梁黄字号黑麂省级自然保护区等地。

过去，由于过度捕猎和豺、狼为害，黑麂的数量日减，分布区已较前大大缩小，现已被列入中国《国家重点保护野生动物名录》，被认定为国家一级保护野生动物，被世界自然保护联盟（IUCN）“濒危物种红色名录”列为易危（VU）物种。

延伸阅读

反刍：指某些动物把粗嚼后咽下去的食物再返回到嘴里细嚼，然后再咽下的动作。

鹿

[唐] 杜甫

永与清溪别，蒙将玉馔俱。

无才逐仙隐，不敢恨庖厨。

乱世轻全物，微声及祸枢。

衣冠兼盗贼，饕餮用斯须。

译文：我将永远与清溪告别了，感谢你们把我配制成佳肴。实在是因为自己才能不足而无法追随隐士成仙得道，故而并不会因被送进厨房而怨恨厨师。世道动乱，特别看轻生命，即使轻微发声也可能会招来祸端。可叹衣冠楚楚的食客也正是包藏祸心的盗贼，顷刻间我就会被吞噬得干干净净。

赏析：这是一首咏物诗。作者以将死之鹿的口吻，述说了被迫与自由天地别离而成为充腹之食的悲惨命运。实则借物抒情，强烈地谴责权贵鱼肉人民、贪婪残暴的本性。本诗具有强烈的讽刺意味，声声泣诉，字字血泪，饱含作者的悲悯情怀。

飞翔的活化石：中华秋沙鸭

鹰潭离南昌不远，很多人会去那里一条叫泸溪的河游览。

一天，一位鸟类学家偶然路过泸溪河。他远远地望见了几只野鸭子，不由得一愣，同行的当地人也顺着他的目光望去。在当地人眼里，那几只鸭子并没有特别之处——这条河上，常有来过冬的野鸭。

鸟类学家钻进苇丛，悄悄走近了一些。在鸭子洪亮的叫声中，他惊住了：这些鸭子的胁羽上有着黑色鱼鳞状的斑纹，它们是中华秋沙鸭！他不敢相信——这是差点儿永远消失在天空中的物种，它们是第三纪冰川期留下的纪念，羽毛中藏着的是一千多万年的历史。

很多现在看来憨态可掬的鸭子，它们的祖先也曾有过高远的志向，但人类用剪刀剥夺了许多鸭类飞翔的权利，将它们豢

（huàn）养，如今它们的翅膀已经退化，惶惑奔赶在池塘、鸭棚和羊肠小道上，偶尔抬起头，“望天兴叹”。不过，有些鸭子没有忘记天空，仍在飞翔。

鸟类学家看见的这些鸭子便是如此，它们是能展翅高飞的精灵。不敢想象每飞过一千米的天空，它们要扇动多少下翅膀。它们顶着凛冽的寒风，踏上未知且可能会遇上危险的旅程，只为选择配得上美丽羽翼的山川落脚。

这是不屈服的美丽，所有的苍凉与忧伤都被羽毛遮掩了。

大地上的河流，接纳了这些在蓝天下、翠林间扇动翅膀的精灵。一只鸭子落下来，像是试试水温，两只、三只……它们落在水面上，就是从天空透出来的光，在神的衣袂上拂动。

这些鸭子对泸溪河情有独钟，它们飞越几千千米寻它，认定这条小河就是它们度过冬日时光的家园。它们“嘎嘎”叫着，似乎在表达着内心的激动。它们扬着脖，仰起头，泸溪河用潺潺水流声与它们合鸣，鸭群越冬的欢乐让一条冬日的河流保持着春天的模样。

一个老护鸟员长年在河边行走，他是鸭子们忠实的陪伴者。有时鸭子们会推迟到来的时间，他便掐着指头，焦急地等着它们。看见鸭群的那刻，老人很兴奋。他一眼就看出了，有两只鸭子是去年来过的，有几只是新来的。

很长一段时间，老护鸟员一直住在河边的屋子里。每次听到中华秋沙鸭的叫声，他都会激动不已地窥视它们。对中华秋沙鸭而言，每一年秋天的到来，都意味着一次远行，温暖的南方，总有一片湿地等着它们去过冬。

动物没有国籍，但有故乡，人们给它们取名时常将名字赋予地理语义，甚至民族情感，譬如中华白海豚、中华鲟、中国鲎（hòu）、中华鬣（liè）羚……而这些令鸟类学家大喜过望的鸭子，也有一个响亮的名字：中华秋沙鸭。

中国总共有四种秋沙鸭，分别是斑头秋沙鸭、红胸秋沙鸭、中华秋沙鸭和普通秋沙鸭。濒危的中华秋沙鸭在全球已不足2400对，能一睹中华秋沙鸭的风采是幸运的。它们嘴形扁长，边缘具锯齿，雌雄鸟均有羽冠，像凤凰一样成双且长，脑后还有两簇冠。雄雌羽色不相同：雄鸟呈黑白色，头部、上背及肩羽为黑色，下背、腰和尾上覆羽则是白色，翅上有白色翼镜，体侧有黑色鳞状斑纹；雌鸟的头部和颈呈棕褐色，上背为褐色，下背、腰和尾上覆羽为灰色渐变色，并具有白色横斑，尾是黑褐色，身体下半部为白色，两侧有鳞状斑，很是漂亮。

中华秋沙鸭有家庭观念，它们成双成对地游弋，“秀着恩爱”。家不仅是简单的物理空间，也是一种相守，只要家人在一起，哪里都是家，所以，中华秋沙鸭更能感受一条河的温暖，它们在水上游过，留下粼粼的波纹。它们有时也会逗逗过境的白鹭，还会成双入对地混进鸳鸯中间。

在中华沙秋鸭的世界里，没有阴天，因为它们身上的华羽就是阳光。一只只飞越过辽阔天空与大地的中华秋沙鸭，散发着蓬勃的充满生命力和喜悦的美——这种挨过了久远的岁月峥嵘，坚持下来的美，尤为珍贵。

中华秋沙鸭适应能力强，既来之则安之。它们是一种颇有神通的鸭子：上天可翱翔，入地能安栖在两岸的土穴，扎进水里能捕鱼。它们有与同伴分享食物的美德，甚至还会爬树。它们会将家安在高达10米高的树上，像一个个岗哨，叶子是一片片屋檐，在屋檐下，它们相依相拥，去感受风雨。

山色朦胧，河道折转，泸溪河是让中华秋沙鸭得以绽放生命的秘境。

这也是一群容易被惊动的鸭子，它们敏感、警觉，表面看似轻松，其实眼睛警觉地观察着四周。护鸟员一再提醒观鸟的客人动静不要太大，即使隔着几百米，也要蹑手蹑脚，小心行动，甚至连衣着也不能鲜艳耀眼，人与鸭之间，要时刻保持明显的界线。

此刻，中华沙秋鸭开心地生活着，像一群天真的孩童，不问天长，也不知地久。人类似乎没有资格去打扰它们，只能远远地观望。不知要过多长时间，人与鸭才能消解这种距离。

南方湖汊纵横，中华秋沙鸭不喜欢多变的大江大河，不喜欢幽深的水域，也不喜欢人间的烟火。它们喜欢的河流多是轻缓而优雅的，像一条条碧绿的被单，似乎只有这种安静的纯净的水流才能让它们沉静下来。

这也是一群挑剔的鸭子，既然有一双没有退化的翅膀，那就要追求想要的生活。它们对环境很讲苛求，不愿苟且，只看得上能映照漂亮倒影的清澈水流。

越来越多的中华秋沙鸭在如镜的山川河谷重生，上升为生态保护意义上的符号与论据。

生命向往放松与欢愉。中华秋沙鸭的生活对人类而言，是欣赏，也是羡慕。

中华秋沙鸭与鹭等飞鸟是泸溪河不可分割的一部分。赞美它们，就是在赞美一条悠闲、从容的河，这条河是无数游客的诗和远方。

泸溪河一如既往地流淌着，中华秋沙鸭一如既往地来往着，不知是泸溪河系住了它们，还是它们捕获了泸溪河。鸭和河之间，像是沾着古老的亲缘，河水用哗啦啦的歌谣表达着对中华沙秋鸭的宠爱。

张道陵初至鹰潭，曾在一棵大樟树下休憩，他望着满目的丹霞奇峰，二十余里的泸溪河也流淌其中，南方“**急流旋其中**”常见，但“**雄鹰舞其上**”倒令人回味。他到处张望，这里是鸟的天堂，道与自然在他心中融合。张道陵住下来，在这方他与鸟类都青睐的水土上有了一座道家圣地——天师府。

一个人的一生不一定都像大海一样波澜壮阔，但总有一条悠扬、纯净的河为你奔流，你看到的所有涟漪都是那条河的笑容。

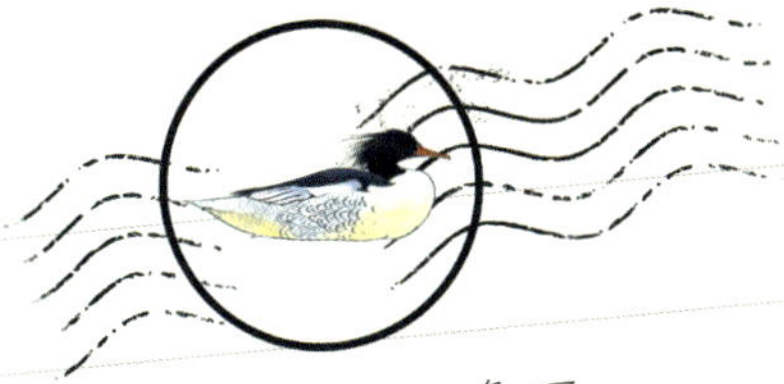

中华秋沙鸭

中国特有的野鸭。它们在地球上已经生存了1000多万年，在过去分布比较广泛，而现在仅存在于中国某些地区，俨然成为活化石般的孑遗动物。中华秋沙鸭在越冬期常以小群栖息于山间河流、水库湖泊中，主食鱼类、石蛾科昆虫。它们的飞行和游泳能力都很强，能够每年长途跋涉数千千米，从东北飞到江南，也能够较长时间捕鱼捉虾或啄食水草。除迁徙时集合成大群，中华沙秋鸭平时都以家族形式活动。

中华秋沙鸭的栖息繁殖地现已严重破碎化，可见于江西九岭山国家级自然保护区、婺源森林鸟类国家级自然保护区、江西阳际峰自然保护区、弋阳县中华秋沙鸭自然保护区等自然保护区。已被列入中国《国家重点保护野生动物名录》，被认定为国家一级保护野生动物，被世界自然保护联盟（IUCN）“濒危物种红色名录”列为濒危（EN）物种。

延伸阅读

张道陵（34～156年），道教创始人。因其最初创立的五斗米道又称天师道，故又称张天师。与葛玄、许逊、萨守坚并称为“四大天师”。

“急流旋其中，雄鹰舞其上”这句话是用来描述江西省鹰潭市的。据说在信江边的龙头山下有一个深潭，岸边林木茂盛，曾经有老鹰在这一带长时间盘旋。目前暂时无从考证这句话的出处，但被广泛记录于各类涉及鹰潭得名的书籍中。

诡行者：灵猫

当夕阳逐渐收拾好余晖，叠嶂层峦、云蒸霞蔚的南方山区即将开始神秘的夜生活。

山里时常有诡异的夜客出没，带着拂动的轻风和光一闪而过。它们每天穿行在纵横交错的山涧、突兀的岩石和树木之间，像周游着动物界的列国。

它们中便有古籍中提到的“上古灵猫”——“又东四百里，曰亶（chán）爰（yuán）之山，多水，无草木，不可以上。有兽焉，其状如狸而有髦（máo），其名曰类，自为牝（pìn）牡（mǔ），食者不妒。”这段文字出自**《山海经》**的《南山经》，说的是亶爰山中多水流，没有草木，人们无法攀缘上去。山上有一种兽，形状长得像山猫，有头发，叫作“类”，它雌雄同体，自孕而生，人类如果吃了它们的肉就不会心生嫉妒。

《庄子》和《列子·天瑞》中都提到了这种阴阳混合的神兽，**郭璞**在《山海经图赞》中说“类之为兽，一体兼二”。直到后来李时珍的《本草纲目》才让“类”渐渐回到本来的面孔：“神狸，自为牝牡，又能香气，可谓灵而神矣。”牝牡，指的是动物的雌性与雄性。

灵猫，它们“灵”在哪呢？既机灵，又像山里的幽灵。叫灵猫，可偏偏就不是猫，它们比猫科动物古老，也没有长着一副“猫脸”，更不像猫那样发出“喵喵”的叫声。它们行动隐蔽，极少出声。嘴巴尖尖好似狐狸，加上性情与狐狸一样狡猾多疑，因此也喊它们“狐狸猫”。其实灵猫跟狐狸没有任何关系。灵猫有大灵猫和小灵猫之分，它们是两种不同的动物。小灵猫长着一对圆溜溜的招风耳，两耳的距离很近，样子可爱。大灵猫的尾巴上有大约9个明显的黑白相间的色环，因此也被称为九节狸。小灵猫的环带大约有7个，也称为七节狸。

大、小灵猫还有很多名字。大灵猫俗称麝香猫、九江狸、灵狸，它们体形细长，比家猫大得多，大小与护院的狗相似，头部略显尖，四肢较短，黑褐色。小灵猫，顾名思义，个头要小很多，比家猫略大，俗称乌脚狸、箭猫、斑灵猫、香狸。因为小灵猫尾巴上的毛可以做毛笔，有人还叫它笔猫。

大灵猫的脖子上有三条黑色的波状条纹，而小灵猫是黑褐色

的横条纹。小灵猫有领地意识，碰到外来侵略者会像家猫一样撕咬对方。它们的排泄地点随意，不像大灵猫那样规矩，会在固定的地点设置自己的厕所。

大、小灵猫都是乡野的灵物，长着一双穿透黑夜的眼睛。在漆黑的夜色里，灵猫开始了它们新的一天。它们是黑夜的追随者，潜行于山，有时白天也捕捉猎物，但大多数时间都将身体蜷缩，隐藏起来。它们总是“宅”在阴凉的僻静处，卧在灌丛、树洞、土穴或岩石缝隙里，做着白日美梦。

灵猫是极其聪明的动物，它们游走在亚热带的森林边缘。它们翘着长度超过身体一半的毛茸茸的大尾巴，趁着黄昏朦胧的天光，悄悄地从巢穴溜了出去。

它们在树木枝杈间灵活跳跃，目观六路，耳听八方，摸索前进。夏日里的蛙儿“呱呱”地叫醒了灵猫肚子里的馋虫，它们锁定了不远处的小鼠、小鸟、鱼儿、昆虫后，便利用敏捷、迅速的攀跳和游泳能力，扑袭过去，抓住了猎物后，便“吧唧吧唧”地吃起来。有时它们也会扑个嘴啃泥，弄得身上湿漉漉的却一无所获。要是实在饿得慌，它们就会用爪子刨地，挖蚯蚓来吃。蚯蚓虽有一股泥土味，味道不怎么好，但灵猫作为食肉动物，有肉吃总比饿肚子强。它们荤素不忌，等秋季山果熟了，也会采食一些自己喜欢的桃、梨等水果来享用。

在柔和的月光下，静谧的森林并不太平，里面暗藏着杀机。一个不怀好意的影子向灵猫逼近，感觉到什么的灵猫两只耳朵不由自主地竖起来，踮起脚，向四周张望。

灵猫在苍茫的大山里要时刻与追捕它的肉食动物们周旋。它们有特别的本领，遇到天敌，屁股一撅，放出一个臭气熏天的屁。这可不好闻，天敌躲闪迟疑之际，灵猫趁机撒腿就溜，但绝不仓促地逃回自己的洞穴，它们懂得绕道而行。灵猫有着聪明的大脑，具备很强的反侦察能力，有些天敌跟在灵猫的后面，转来转去，弄得疲倦不堪，可最终还是捉不住它们。

灵猫的身体里藏着贵重的灵猫香，这是世界四大名贵动物香料之一，它们自己却没当回事，不时地把体香涂抹在走过的路上或树干上，作为标记。

在辽阔的南方山林中，灵猫只需要一个小小的空间，就能够放下心来栖息。那起伏的山岭，像是相连的一张张大摇床，在这里，人类与大山达成了一种共识，像耐心的护工，共同照料着这一群小可爱。大、小灵猫在保护区里，**“不知有汉，无论魏晋”**。

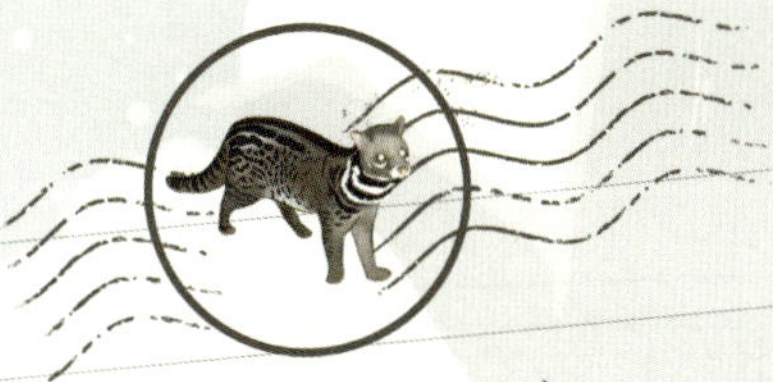

灵猫

大灵猫：主要栖息在热带雨林、亚热带常绿阔叶林的林缘灌丛、草丛，栖居地区的海拔高度很少超过2100米。一般独栖，夜行。多以灌丛、草丛、土穴、岩洞、树洞等作为隐蔽处和养育幼仔的窝穴。大灵猫的隐蔽处通常都是临时性的，所以窝穴十分简单，除了少量自身脱落的毛外，并无其他东西。它们食性很广，是以动物性食物为主的杂食性兽类。在江西省多见于九连山国家级自然保护区、江西武夷山国家级自然保护区、井冈山国家级自然保护区，被列入中国《国家重点保护野生动物名录》，被认定为国家一级保护野生动物。

小灵猫：体色和斑纹可因季节不同而异。冬毛体斑较模糊，体色棕黄或乳黄。栖息于热带、亚热带和暖温带的山区、丘陵台地和农耕地。能上树捕小鸟、松鼠或觅食树果；能游水，可横渡溪沟和小河。一般独居和单独活动。小灵猫是以动物性食物为主的杂食性动物，特别喜欢食鼠类。在江西省多见于九连山国家级自然保护区、江西武夷山国家级自然保护区、井冈山国家级自然保护区、官山国家级自然保护区、江西鄱阳湖国家级自然保护区等。被列入中国《国家重点保护野生动物名录》，被认定为国家一级保护野生动物。

延伸阅读

《山海经》是我国古代的地理神话笔记，成书于战国至汉初，内容主要为民间传说中的地理知识，包括山川、道里、民族、物产、药物、祭祀、巫医等，保存了不少远古神话传说，对古代的历史、地理、文化、中外交通、民俗、神话等研究均有参考价值。其中的矿物记录为世界最早的相关文献。

郭璞（276 ~ 324年），东晋时期学者、文学家，被称为游仙诗祖师。曾注释《周易》《山海经》《尔雅》《楚辞》等古籍。

“不知有汉，无论魏晋”这句话出自东晋诗人陶渊明的《桃花源记》。这句话的意思是，住在桃花源的人长期与外界隔绝，对世事变迁一无所知，不知道汉朝，更不必说魏、晋两朝了。《桃花源记》的故事背景设定在东晋太元年间，一个以捕鱼为生的武陵人，偶然间进入了一处美丽的桃花源，这个地方与世隔绝，充满了和平与安宁。渔人在离开桃花源后，曾返回试图寻找入口，但最终未能成功。这不仅增添了桃花源的神秘色彩，也表达了作者对桃花源可望而不可即的无奈。

没落的贵族：吐绶（shòu）鸟

在**武夷山**错落的山林里隐蔽着一种外形奇特的鸟儿，它们身着“奇装异服”，头上有角作装点，它们“心宽体胖”，奔走追逐中，样子看起来很是滑稽。

也许是要证明自己确实拥有鸟的身份，它们会偶尔飞起，但那双日益无力的翅膀很难将珠圆玉润的身体带向高高的天空。许是因此，它们便渐渐抛却了对蔚蓝色的向往。

它就是引人注目的吐绶鸟。

吐绶鸟住在到处是参天大树的山里。它们体型比公鸡略大，雄鸟身体上半部呈栗褐色，布满了黑缘淡黄色的卵圆斑，黑色的脑袋上顶着前黑色后栗红色的长长羽冠，胸前有翠蓝色及朱红色组成的艳丽肉裙，翅膀上是黑褐带棕黄斑，腹部覆盖皮黄的羽毛。雌鸟通体为棕褐色，密布黑、棕黄及白色细纹，身上散布黑斑和白斑。因为它们腹部的羽毛呈皮黄色，所以吐绶鸟也被称为“黄腹角雉（zhì）”。

吐绶鸟是纯粹的中国鸟，在《食物本草》中它们也叫吐锦鸡。

吐绶鸟平日会守在它们熟悉的栖息地，不敢走远。吐绶鸟很有时间观念，早上七八点钟，太阳照亮了森林，它们伸展翅膀，“步履蹒跚”地跳下树来，开始了一天的生活，傍晚，又会一只一只地跳上树，闲适自在。

吐绶鸟放弃了高飞的志向，“流落”山林，见识愈发短浅，灵魂变得胆怯，潦草地过着与世无争的日子。一年四季，山林会给它们提供足够丰富的食物，它们主要以蕨类和植物的茎、叶、花，以及浆果、坚果和种子为食，也吃毛虫和蚂蚁。春天万物生长，山樱桃、油茶、映山红、蛇根草等植物长出了嫩叶和芽，夏秋季节还有悬钩子、山合欢、勾儿茶、胡颓子、青冈、白栎等植物，吐绶鸟的食物很多，冬季则可以采撷壳斗科植物的坚果、香花崖豆藤种子，以及山茶的种子来换换口味。

吐绶鸟呼吸着山里湿润、温暖的空气，水面浮映着它们一身华丽的羽毛，闲散的生活让它们愈发肥硕，只有到了雄雉发情时竖角、吐绶，才能见到它们不同寻常的模样。平时，吐绶鸟的肉角低而不露，喉部的肉裙也不会显现出来，到了繁殖期，当雄雉遇见打动它的雌雉，就会耸起羽冠两旁一对约7厘米的肉角，将

胸前翠蓝色与朱红色拼成的肉裙显露出来。那肉裙既大且长，可以铺到地面，肉裙上的图案隐约呈现一个“寿”字形，“孝鸟”“寿鸟”的雅号也就不胫而走了。此刻，它是山林中最有贵族气质的鸟，骄傲、威武。

南朝任昉**《述异记·卷上》**：“吐绶鸟身大如鸐（dí），五色，出巴东山中。毛色可爱，若天晴淑景，即吐绶，长一尺，须臾还吞之。”奇篇秘籍《酉阳杂俎（zǔ）》神神秘秘地写着：“鱼复县南山有鸟大如鸲（qú）鹆（yù），羽色多黑，杂以黄白，头颊似雉，有时吐物长数寸，丹采彪炳，形色类绶，因名为吐绶鸟。”

吐绶鸟是雉鸡的一种，雉是吉祥如意之鸟，是传说中凤凰的血亲。仿佛是一种宿命，吐绶鸟避不开凶险的俗世。元末时有位名叫郑允端的女诗人，她的家族富强一方，后因战乱衰败，于是她以“吐绶鸟”为题，作诗：“**庭院春阴护薄寒，山禽飞下玉阑干。胸中锦绣无人识，闲向东风自吐看。**”

吐绶鸟平平淡淡地活着，与那些普通的野鸡毫无区别。它们行动迟缓，很容易被捕捉。人们认为它们的样子就像是将花里胡哨的绫罗绸缎裹在臃肿的身上，看起来那么不协调，分明是一群不会打扮的“傻大姐”嘛。它们像未开化一样，呆滞的目光中，浮动着没见过世面的怯懦，藏在丛林里向外好奇地张望。

吐绶鸟一身大大咧咧的肉过于耀眼，自然会吊起肉食动物的食欲，在山林中，到处都潜伏着它们的天敌，时刻都会威胁它们的生命，稍有不慎，它们便会落入敌口。吐绶鸟只有华丽的外表，喙不尖利，爪无锋芒，一副飞不动的样子。遇见敌人，它们呆呆的，不知所措，只是将头扎进草丛，却把肥硕的屁股露在外面。受惊时，它们觉得到处都是敌人，叫唤着，颤飞着，无力地表达着恐惧。

吐绶鸟不识险恶，总是让自己陷入险境，它们在丛林中毫无抵抗力。人类也曾经是它们反抗不了的天敌，它们华丽的毛羽被拔下，身上光秃秃的，被当作野鸡，在锅里，被慢慢地炖，炖得喷喷香。

吐绶鸟曾面临种群灭绝的境遇——当人们还在对吐绶鸟的样子忍俊不禁捧腹大笑时，忽然就看不见它们了，人们在怅然若失中幡然醒悟，开始到处寻找这个没落的“贵族”。

要找到吐绶鸟，首先要找到交让木，吐绶鸟通过这种常绿树才能前往春天。“良禽择木而栖”，动物与植物之间有着隐秘的情感，交让木是吐绶鸟的“父亲”，监护着它们的生活。在交让木枝头，吐绶鸟就是天真烂漫的孩子，交让木便是吐绶鸟生命的依靠。在残酷的世间，交让木是吐绶鸟的避风港，给予了它们在冬天活下去的力量。

在武夷山的阔叶林里，交让木与马尾松、木荷、杜英、南方铁杉等树木混生在一起。交让木是一种“谦恭礼让”的树种，卢照邻说：“山头交让之木，浦口同心之花。”交让木的新老树叶有一个顺接交替的规律，新叶慢慢长出展开时，老叶有秩序地交班。这种特性，使交让木的嫩叶成了吐绶鸟过冬的主要粮草，交让木成了吐绶鸟的“恩情树”——一边是君子树，一边是憨厚的“孝鸟”，这是大自然奏出的和谐乐章。秋天，交让木是吐绶鸟必须前往的家园，它们将在树上安然度过食物短缺的冬天。

风雪弥漫，吐绶鸟聚集在交让树上，这里是天然的粮仓，食物很合它们的口味。吐绶鸟用松针、枯叶、苔藓等做成皿形的蜗室，继续着山居生活，积蓄能量。一直等到春天的某个清晨，雄鸟伸出头，急切地炫耀着美丽的羽毛，嘎嘎地呼唤爱情，不久便成双结对，延续血脉。

百鸟争鸣的春天，唤醒了大山沉寂了一个冬天的心灵。武夷山万物复苏，鸟儿也纷纷为了爱情展示着舞姿，吐绶鸟开始产卵。生命的呼唤，听起来，内心万紫千红，盎然摇曳，充满快意。

每株树都是鸟的岗亭，武夷山是它们的共同家园。鸟声是山里散落的音符，敲打着，像变奏的雨，拉开大山舞台的帷幕。雾色消散，太阳腾空而起，鸟兽们纵情欢呼。每个生灵都是平等、自由的表演者，享受天空与大地这一方巨大的舞台。

鸟叫开了，春光洒下，武夷山灵动起来，每一只斑斓的鸟都像是一团移动的花朵。

交让木的枝头，吐绶鸟一脸骄傲。人们说，山鸡飞上枝头，真变凤凰了。

吐绶鸟

目前仅分布于中国浙江、江西、湖南、福建到两广一带，栖息于亚热带中低山地的常绿阔叶林和针阔叶混交林中，常在茂密的林下灌丛和草丛中活动，非迫不得已，一般不起飞。吐绶鸟主要在地面活动和取食，白天常以松散形态在地面觅食，晚上则在树上栖息，雨天或雪天亦栖于树上或在树上取食。在江西省常见于桃红岭梅花鹿国家级自然保护区、九连山国家级自然保护区、官山国家级自然保护区、婺源森林鸟类国家级自然保护区、马头山国家级自然保护区等地区。

因栖息地遭到破坏，吐绶鸟分布范围不断向中、高山地带退缩，现被列入中国《国家重点保护野生动物名录》，被认定为国家一级保护野生动物，被世界自然保护联盟（IUCN）“濒危物种红色名录”列为易危（VU）物种。

延伸阅读

广义的武夷山指闽赣间纵贯南北的山系，长达550千米（一说530千米），是江西省最长的山地。武夷山山体沿赣闽的省界蜿蜒，北段为武夷山风景名胜区、世界文化与自然遗产地。整个武夷山脉雨量充沛，森林和植被茂密，保留有多处原始森林，适宜生物繁衍生息，保存着世界罕见、稀有、濒临灭绝的许多珍贵动植物。

《述异记》是古代小说集，共有两种。一种由南朝宋、齐时期的祖冲之撰，10卷，已失传。另一种由南朝梁的任昉撰，2卷，最早见于《崇文总目》小说类，唐以前未见著录。

吐绶鸟

［元］郑允端

庭院春阴护薄寒，

山禽飞下玉阑干。

胸中锦绣无人识，

闲向东风自吐看。

译文：庭院中春日回暖，可以挡住微寒之气，山中的吐绶鸟飞向院中亭台楼阁的栏杆上。满腹的锦绣无人知晓，它只能悠闲地向着春风自我欣赏。

赏析：本诗借物抒情，借山中的珍禽吐绶鸟被庭院中的融融春日吸引而主动投奔却无人赏识的故事，借物喻人，抒发作者对才华无人赏识的叹惋之情。

微笑的天使：长江江豚

九江市湖口县、上饶市余干县、南昌市扬子洲镇以及湖南岳阳等地都有江豚湾。

赣江两岸，风光旖（yǐ）旎（nǐ），令人心旷神怡。

江中的游船上有几个人忽然发现江面浪花翻滚，江上传来像羊叫一样的“咩咩”声。他们不约而同地喊起来：“江猪！江猪！”船上的小朋友们顺着他们指尖望去，兴奋得手舞足蹈。

瞧，一头深灰色的动物正在逐浪嬉戏，赶着浪花游来游去。它在江水中扑腾着，不时蹿出水面呼吸，看起来格外快活。

这家伙可不怕生，它迅速地游到离岸边不远的地方，伸长粗粗的脖子，十分礼貌地露出标志性的微笑。它的模样真讨喜——圆溜溜的豆豆眼，像个开心果。

岸上的巡护员给它投喂小鲫鱼，鱼的长度只能在20厘米以下。它从水中探出身来，一点儿也不害怕，张口接住鱼后，点点头，似乎在说："谢谢，味道还不错。"

它和海豚是近亲，模样和海豚长得挺像，都有光溜溜的圆脑袋，但块头比海豚要小些，它隆起的额部稍稍向前凸起，像极了一个小和尚，人见人爱，见到它的人都笑逐颜开，乐得合不拢嘴。

有人问："这鱼怎么长成这样？"

不，它可不是鱼。

以前，老人总是这样吓唬小孩："不听话，就把你扔到赣江喂江猪！"闲聊时提起它，会有人说："江猪，多难听的名字！"

听见人唤它"江猪"，游船上有人不冷不热接茬："膘肥体壮的，确实像是水里的二师兄。"

他的话一石激起千层浪，大家纷纷反对："不，不，它是我们的国宝！"

是的，传说中的"江猪"，就是闻名于世的长江江豚。

一位有学问的老先生说："豚就是小猪的意思。"大伙顿时哑然。

老先生凝神盯着江豚，又望了望天空，脱口念起了宋朝诗人董嗣杲（gǎo）的一句诗："**江豚吹皱空江浪，远见淮云卷雨来。**"他拧起眉头，说："不好，要起风暴了！"

江豚露面，往往预示着风暴的来临。难道江豚会兴风作浪、折橹翻船吗？

这样想可就错怪江豚了，它们出现，是在预报天气呢！当暴雨、大风等极端天气即将到来或气温急速下降之前，水面气压就会降低，这时江豚会迎风而起，身体频繁伸出水面，加快呼吸频率。它们将头露出水面的样子就像行拜礼，这种自然现象就是“江豚拜风”，渔民见状，便会立刻采取防范措施，停止出港捕鱼。

短而阔的唇吻自中间嘟起向两边微扬，友善的江豚自带微笑，无拘无束地游弋着。

过去的很长一段时间里，江豚被一些人用来做食物、熬灯油。所幸渔民对它们的态度不一样：若是误伤江豚，会被视作“触犯神灵”，必须焚香祈祷，以求宽恕。有的渔民因为伤及江豚，过于惶恐，甚至不敢再以捕鱼为业。

从遥远的印度洋和大西洋交汇处，到日本海及我国沿海等水域，都能见到带着微笑的江豚。它们通常生活在接近海岸的咸淡水交界地带，也会生活于较大的河流湖泊之中。长江江豚是唯一在淡水生活的江豚物种，在绵长的长江河道里，它们的足迹可以上溯到宜昌。

长江江豚就在一条江上安家，在4℃～20℃水温的江水里都能正常生活。在淡水水域，它们没有任何天敌。与以前大不相同，

如今的人类对它们也充满友善，江豚似乎感觉不到任何威胁。

江豚调皮得很，整天“游手好闲”，像静不下来的小孩。它好像有满满的表现欲，不停地在江面上上蹿下跳，翻滚着，时不时还来一点儿高难度的表演。看啊，它腾空跃起，调皮地喷出老高的水花，冷不丁地又突然转向，左右摇摆的尾鳍从水面轻巧地划过，像是个杂技演员。

江豚的胆子很大，见来了大船，丝毫不畏惧，不管三七二十一，带着一股冲浪前行的劲头，紧紧跟在大船后面。江豚一副乐颠颠的样子，等玩累了，觉得肚子也饿了，才会离开大船去觅食。

赣江、鄱阳湖一带到处都有鲜美的食物，江豚可不愁吃。它们不挑食，鱼类、水生昆虫、蝌蚪等，都来者不拒，就连藻类、蕨类植物，也吃得津津有味。

快看，一只江豚在水里“作威作福”，是不是又要“兴风作浪”？看它凶猛地俯冲，急速地转身，尾巴一会儿击打水面，一会儿搅动起江水，一个猛子往前扑，马上又调头。它转摆着身体，生龙活虎，玩性十足，引得江面上的水鸟也飞过来给它捧场。

原来江豚正在赶鱼呢！它一眼瞄见大银鱼，一张嘴，鱼就“咕噜”一下落入它的腹中。很快，它又咬住了一条小鳙鱼，抛在空中，玩耍了一会儿再吞下肚里。转眼间，又吞下几只没有防备的小虾。许多小鱼受了惊吓，在水面左蹦右跳，被在一旁瞅了半天的水鸟逮个正着。江豚吃饱后，漫不经心地闲游着，有时也会懒洋洋地浮在水面上。

江豚睡觉时，可以一半大脑控制身体游泳，另一半大脑休息，左右脑交替着工作，“劳逸结合”。江豚虽然视力不好，但是它们能发出两种像雷达一样的信号：一种为了探测周边环境，也在捕食时发出；另一种用于确定位置，与同类交流。活泼的江豚对声音很敏感，如果听见异响，便会急速地游动起来，

人们尽心守护着有天使般微笑的江豚。到了干旱季节，大量鱼儿死去，水鸟也急不可耐地纷纷争食，为了保证江豚的食物供应，人们就会组织人手进行投喂。

江豚大部分时间独来独往，偶尔也会成群结伙，由鄱阳湖前往长江，有时又折回，像主人一样巡行在江湖里，很有天下任我行的气势。江豚来到这个世界已经有2500万年了，人类是后来者。

“江豚江豚尔何物”“凌波逐浪来江豚”“浪开日闪江豚背”“坐看江豚蹴浪花”……古人留下过许多写江豚的诗。

金秋十月到来，母江豚会减少进食，准备当妈妈。江豚每胎只产一只，和天下所有的妈妈一样，“儿的生日是娘的受难日”，生产时，江豚妈妈疼痛难耐，它会加速游动、跳跃，直到江豚宝宝顺利降生。江豚宝宝出生时，会先露出尾巴，这时，

江豚妈妈会加速游动，帮助宝宝自行挣脱脐带。江豚宝宝离开母体，便能很快游起来，它需要在1分钟以内浮出水面呼吸，否则会有生命危险。往后，至少有6个月时间，江豚宝宝需要靠吸吮妈妈的乳汁成长。妈妈会不时带着宝宝游到水流平缓的浅水区，侧过身体给宝宝喂奶。在妈妈的陪伴下，江豚宝宝茁壮成长，身体一天比一天粗壮、结实。

你看江上，颜色深的就是江豚妈妈，另一头颜色浅的当然就是江豚宝宝了，它乖乖地趴在妈妈的背上。等大些后，江豚妈妈还常用鳍肢或尾鳍托着宝宝游动，江豚爸爸也会加入。江豚宝宝游在爸妈当中，一家三口无忧无虑生活在一起。

长江江豚

俗称“江猪”，体长一般在1.2米左右，最长的可达1.9米，貌似海豚。江豚体型较小，头部钝圆，额部隆起稍向前凸起，吻部短而阔，上下颌几乎一样长。它的全身呈铅灰色或灰白色，寿命约20年。

江豚属于哺乳纲鲸目鼠海豚科，不是鱼类。长江江豚曾经是窄脊江豚的指名亚种，2018年4月被升级为独立物种。长江江豚通常栖于海水淡水交界的海域，也能在大小河川的淡水中生活。喜单独活动，有时也三五成群，最多有过87头聚在一起的记录。长江江豚性情活泼，常在水中上游下蹿，食物包括青鳞鱼、玉筋鱼、鳗鱼、鲈鱼、鲚鱼、大银鱼等鱼类和虾、乌贼等，主要分布在长江中下游一带，以洞庭湖、鄱阳湖以及长江干流为主，在江西省常见于鄱阳湖、赣江等水域。

2017年被世界自然保护联盟（IUCN）“濒危物种红色名录”列为濒危(EN)物种，2021年2月被列为国家一级保护动物。2023年2月，农业农村部公布2022年长江江豚科学考察结果，长江江豚种群数量为1249头。

延伸阅读

野望

［宋］董嗣杲

过午浮阴掩石台，

疾风掠草散狂埃。

江豚吹皱空江浪，

远见淮云卷雨来。

译文：过了中午，浮云遮挡住了石台的阳光，猛烈狂野的风掠过野草，吹散了尘埃。江豚翻腾跃起，涌起波浪，远处可见河上乌云滚滚，裹挟着雨水即将到来。

赏析：本诗描绘了风云变幻、诡谲壮美的自然景观。诗中的浮云、狂风、皱浪、卷雨都隐含着诗人对大自然中变化莫测景象的深沉思考。事物能反映人的心境，自然与人的内心世界交织，传达出作者的远大抱负，同时也透露出对渺茫未知命运的思考。

神仙的坐骑：水鹿

武功山是道家秘境，有灵芝生长。在古代传说中，这种“仙草”注定有鹿与之相伴，而鹿，是神仙的坐骑。

水鹿藏身在老林里，与外界保持着距离。尤其是在秋天，它们更愿意花更多的时间休息，鸟声也不能打扰它暖风入怀的白日梦。

传说中，鹿有与生俱来的神性，是上古的瑞兽，是天上来的物种，现在，这种“瑞兽”活生生地站在人们的面前。水鹿是南方体型最大的鹿类，体重一般为100～200千克，最大的可达600多千克。小鹿身上带斑点，大鹿是深棕色纵纹。它们与草木密不可分，高翘的角是雄鹿的象征，像倒三角的枝丫，显现出与森林相关的特性。

听武功山里的老农说，冬天在这儿待上几天，准能碰上水鹿。

山上的风雪就要来临，该下山了。水鹿开始沿着巍然耸立的山体向下迁徙。

霞光映衬着高山上的白雪，山显得格外壮丽。水鹿却无暇欣赏这大好的美景，它们艰难地挪动步子，避开皑皑的雪地，一路寻找能填肚子的食物。

到达山脚时，天色已晚，空谷一片沉寂。

这时，它们遇见了人类。

水鹿没有一丝恐慌，侧着身子，乌溜溜的大眼睛直盯着来人，人打量着它，它也在观察着人。人与鹿之间保持着一定的距离，除了视线，再没有别的交流，双方都缄口不言，沉浸在彼此好奇的凝望里。

水鹿可不像其他鹿种，遇见人便望风而逃。不是所有的鹿都是逆来顺受的怯懦的，在南方的鹿类中，水鹿拥有最为挺拔的身姿和健壮的体魄。

在鹿类里，水鹿是战斗型的选手。面对敌手，它们绝不是“吃素”的。它们会第一时间选择战斗，永不言败。就算是雌鹿，也不会因为没有角而退缩认怂，她英姿飒爽地用后腿将身体支撑起来，举起前腿狠狠地蹬击对手，毫不畏惧地耍起蹄拳。

水鹿还有另一个充满着倔强的野性和阳刚的名字——黑鹿。遭遇虎豹时，凭借它们的速度，完全可以撤逃，若是这样，那就辜负了“神仙坐骑”的美名了。它们可不能负这美好名声，于是直接迎敌，那些似乎已流失的英雄气概，忽然复苏。

浓重的杀伐之气显现在愤怒的脸上。水鹿的眼睛本来就比较大，发达的眶下腺鼓起来，犹如瞪起了四只眼，配上那对直立的大耳，仿佛是上古时威风八面的战神再临人间。

勇敢的水鹿但求一战，死而无憾。

夏天，水鹿在人迹罕至的山林中，跳过宽宽的山涧，翻越壮丽的峰峦，回到海拔较高的区域。越往山上走，离天空越近，林木变得稀疏，过了一个春天，高山上成片的新鲜牧草又长出来了，水鹿在这里徘徊，像巡视着这片神仙的旧领地。

鹿在哪里，哪里就有钟灵毓秀的气象。水鹿似乎会演奏祖先传下来的天堂乐章，它们用蹄甲在崎岖山路上踩着节拍，绽放的蹄印是它们在泥土上写下的古老音符和祈愿。它们悠然于天地间，身上那一笔笔黑，像满天的云落在山脊上的影子。

水鹿是山风的化身。它们是天生的长跑选手，整个大山就是它们的赛场。它们奔跑于群山之中，像是黛青的绸缎拂动而撩起的黑色光芒，红艳的彩霞像水鹿伸展的翅膀，带着它们飞扬着脱俗的仙气，和它们一齐消融在广阔的山色里。

白天，水鹿会休息，夕阳西下，它们便出来觅食。它们不挑食，嫩叶、树皮、竹笋、掉落在地的果实、草和芽儿就能满足它们的胃口。

山中延绵的景色尽收眼底，水鹿备感舒适。大山饱含深情地养育着水鹿，它们在这里繁衍子孙，嫩嫩青草中是故乡的味道。

水鹿，顾名思义，与水有种特殊的亲缘，它们天性爱水。大雨过后，水鹿显得格外兴奋，像孩子，蹦蹦跳跳。它们顽皮地用有力的大长腿蹬踩着积水，也许喜欢水在蹄下片刻的喧哗。夏天，水鹿还会像牛一般在泥浆里打滚，弄得浑身脏兮兮的，这样可以防蚊蝇，怪不得它也被叫做山牛，有些地方干脆喊它们水牛鹿。

抱团的水鹿时常要找同伴们玩耍一番，它们经常光顾湿地沼泽，最爱吃柔嫩的水生植物。它们对水，有着孩童对母亲的那种天生的依赖。它们一跃而起，欢腾地奔跑过去，搅得浪花四溅，即便是在冬天，它们也时常一身湿漉漉的，似乎一摊水便会赋予新的能量。

水鹿如此爱水，也许是在水里消遣，可以打发乏味的生活。它还会伸出粗壮的脖子舔叶子上清凉、透亮的水珠。水鹿的眼神很纯净，像清澈的水。

在一洼水坑边，一只雌鹿带着小鹿在水里嬉戏，雌鹿伏下身子，不断舔舐着小鹿的身体。

另外一边，一只雌鹿身后紧紧黏着一头形影不离的追求者，这时，雄鹿似乎都成了“恋爱脑”：雌鹿游哪儿，它就跟去哪儿；雌鹿不动时，大块头的雄鹿也唯唯诺诺地一动不动，还陶醉地将脑袋搁在雌鹿身上。

在武功山里，许多动物都有领地，但水鹿蔑视这种界限。水鹿是没有固定居住地的动物。水鹿伴侣会一起游走，看大山的云卷云舒；雌鹿生了孩子后，会领着胆大的小鹿们四处散步。它们常走在路上，仿佛在寻找着什么。

水鹿的日子越来越好，它们不愁吃喝，人们是它们的保卫者。武功山上的这片亚热带的森林带给了动物们黄金时光，人们喜欢看它们无忧无虑的样子。水鹿挺拔的身影，在森林中和在山里缭绕的云雾间，若隐若现，人们仿佛能想起那古老的传说——它们那腾云驾雾的前世。水鹿即便死去，灵魂仿佛也能化为苍云，成为围绕着武功山的浪漫的舞者。

多少万年过去了，水鹿一直都待在原地，守着武功山，似乎守着一个坚如磐石的承诺，等待它神仙主人的召唤。

水鹿

偶蹄目鹿科鹿属哺乳动物，又称黑鹿、春鹿、山牛。身体高大粗壮。头骨细长，鼻骨、额骨发达，颈部较长；四肢细长，主蹄大，侧蹄小；长尾巴的两侧密生着长毛。雄性头上有角，角从额部的后外侧生出，稍向外倾斜，相对的角叉形成“U”形。因喜欢在水边觅食，也常到水中浸泡，善游泳而得名。多栖息于海拔3000～3500米的阔叶林、雨林、稀树草原、高草地等环境里。在早晨、傍晚和夜晚活动，白天休息。水鹿是植食性动物，以青草、树叶、嫩芽、果实等为食。多见于九连山国家级自然保护区、齐云山国家级自然保护区、江西井冈山国家级自然保护区、江西赣江源国家级自然保护区等地区。

野生水鹿的数量现已大为减少，在有些产地甚至已濒于绝灭，目前在中国的总数有两万只左右。已被列为中国二级保护野生动物，被世界自然保护联盟（IUCN）“濒危物种红色名录”列为易危（VU）物种。

延伸阅读

武功山位于江西省中西部，为国家级风景名胜区、国家自然遗产、国家地质公园、国家森林公园。武功山的主峰白鹤峰海拔1918.3米，是江西境内最高峰。武功山不仅自然景观独特，还集人文景观和自然景观为一体，被誉为“云中草原，户外天堂”。

神仙的坐骑：在神话传说中，鹿是天上瑶光星散开时生成的瑞兽，常与神仙、仙鹤、灵芝、松柏联系在一起。它出没于仙山之间，保护仙草灵芝，向人间布福增寿，送人安康，为人预示祥瑞。相传，南极仙翁（老寿星）就选择鹿当他的坐骑。

带甲的兽：中华穿山甲

潮湿的落叶林里，穿山甲过着昼伏夜出的生活，它们白天蜗居在自己挖好的土洞里，用泥巴封实口子，安稳地大睡。

夜幕降临，养精蓄锐的穿山甲探出圆锥状的小脑袋，偷偷地出了门。山里出没着蛇、龟、猫头鹰、云豹等许多夜行动物，白蚁也格外活跃。

你可不要被穿山甲气势磅礴的名字蒙蔽了，虽然它们有着酷似恐龙的外形，但远没有恐龙那么孔武有力。它们一直孤独地生活着，小心翼翼地蹒跚而行。它们的视觉严重退化，基本上是“睁眼瞎”，肝脏的解毒功能和免疫系统也很脆弱。穿山甲没有牙齿，它们的长舌直通胸腔，平时靠进到胃里的小砂石磨碎食物。

穿山甲艰难地活着，一个晚上要在数个山体间游走，奔波五六千米之遥。它们不惧山谷中的河流，游速竟然超过了蛇。有时候，成年穿山甲还要背起幼崽，在汹涌的急流中泅渡。对于穿山甲而言，营养丰富的白蚁、蚂蚁绝对是上品美食。

穿山甲靠灵敏的鼻子寻找蚁穴，一旦闻见这种美食的味道，它们便难以遏制食欲。它们馋极了，扭着笨拙的身体，用强壮的前爪掘开蚁穴，一转眼的工夫，蚁穴就被刨开了，在穿山甲面前，慌慌张张的蚁群已经无力逃脱。

穿山甲异常兴奋，赶紧将尖尖的嘴巴伸过去，舌头伸出来，灵活的舌头有它们的身体那么长，舌头上布满黏液，可以轻松帮助它粘起食物，卷入口中。它们钻来钻去，津津有味地吃着，很快将蚁穴中的白蚁风卷残云般一扫而光。穿山甲的饮食结构相对简单，但除了白蚁，它们也不会拒绝其他蚁类、蜂类以及幼虫。穿山甲虽然没有牙齿，但是胃口极好，一年下来，可将700万只蚂蚁或白蚁吞下肚。它们时常循着蚁迹攀爬上树，以强壮的尾巴缠附着树枝，饱食之后，有时就睡在树上。

每年4～5月为穿山甲的交配时间，为延续几千万年的血脉，它们专心传宗接代。雄性不会主动靠近雌性，但它们会用尿液或者粪便来标记领地，引来雌性。在寻求配偶的过程中，雄性之间互不相让，它们扬起尾巴，以博芳心。雌、雄穿山甲短暂地相处3～5天后，又各自过活。

中华穿山甲是怀孕时间最长的穿山甲，雌性中华穿山甲每年

只产一胎。它们是寂寞的，这个世界上，没有太多的亲友，鳞甲类哺乳动物中，仅剩下它们了。大地是穿山甲最可依赖的母亲，寒冷的冬天逼近时，它们并不会冬眠，它们背着表面光滑的鳞甲开始挖洞，那股勇往直前的劲儿，仿佛是要在大山中挖出蜿蜒的隧洞。

穿山甲留了个“打洞神手”的名号。它们打洞的速度快，技术好，这名号也确实算得上实至名归。

夏天的洞打起来相对简单，30厘米左右的地方足矣。要求也不高，只要通风凉爽，不会灌进雨水便行。冬天的洞要求就高，需要花费心思精心设计，务必要体现“专业性”：洞要向阳背风，地势要低；洞内的隧道弯弯曲曲，长度达10余米，每隔一段，还需立一道土墙，并且要经过两三个白蚁巢——这是天然的粮储，以备不时之需；卧房则安置在洞穴顶头，要尽量宽敞一些，垫上细柔的杂草。准备好这些，穿山甲就可以暖洋洋地越冬了。

穿山甲每天要忙着弄土方工程，搞得自己浑身是泥。但它们的生活可不邋遢，比如每次“出恭”，它们都会在离洞口2米开外的地方，先挖一个茅坑，排完后，再用松土覆盖。这点很像爱干净的猫咪。

中华穿山甲被冠以“中华”二字，这个名字被赋予了地理性标志，变得庄重起来，展示了它的血缘。

《山海经》里有这样一段关于某种奇特“鱼”的描述：“有鱼焉，其状如牛，陵居，蛇尾，有翼，其羽在魼（qū，亦作胁）下，其音如留牛，其名曰鯥（lù），冬死而夏生，食之无肿疾。”

这段话里，称穿山甲是一种“状如牛”的鱼，身大头小，背部隆起，酷似牛形。但奇怪的是，虽然是鱼，却住在土里（陵居）；有修长的“蛇尾”，有似鸟的“翼”（其羽在魼）；鳞片间生有硬毛，身体两侧尤多；“冬死而夏生”，指的是冬眠。

《山海经》记下的这种叫“鯥”的“鱼”，其实就是“上古神兽”穿山甲。《山海经》给动物命名的原则一般是“其鸣自叫”“其名自号”“其鸣自呼”，意思是用动物发出的声音来给它命名，而“鯥”字发音与“留牛”相似。

穿山甲有许多别名，诸如鲮（líng）鲤、陵鲤、龙鲤、石鲮鱼。**屈原在《天问》**里发问：**“延年不死，寿何所止？鲮鱼何所？鬿（qí）堆焉处？”**

走过神话时代的穿山甲，在人类的心中，它们只是药材。清代中医古方经典著作《本草择要纲目》中提到，穿山甲“通经脉，下乳汁，消痈肿，排脓血，通窍杀虫”。医学名著的推荐，曾经给穿山甲带来灭顶之灾。汉末的《名医别录》散佚后，有关穿山甲药用的大部分记载被陶弘景收录在**《神农本草经集注》**

中，但陶弘景很慎重，告诉大家，穿山甲性微寒。

穿山甲已行走在一条凶险的路上，战神般的名字下却是一颗谨小慎微的心。在旷日持久的“人兽大战”中，它们背着铠甲逃跑，浑身瑟瑟发抖，害怕极了。穿山甲的利爪显示出它们超强的挖掘技术，却从不用于战斗，举起自己的前肢，只是用来表示一种抗拒的态度。遇见危险的时候，它们将身体紧紧地蜷成一团，心惊胆战地将脑袋裹在前腹位置，纹丝不动，像个疙瘩球，只能装死，企图等待机会逃走。

穿山甲的软甲坚硬无比，它们是世界上唯一被鳞片覆盖的哺乳动物。它们的鳞片是由角质构成的，与人类指甲的成分相似，鳞片彼此交叠，像一排排刀口，使得一些食肉猛兽如鬣狗、虎、豹等无处下嘴。这些肉食动物左看看，右瞧瞧，觉得扑咬上去，会像一口咬着硬邦邦的石头，反而可能伤及唇齿。上前嗅嗅，还会闻见一股臭味。于是，它们转身悻悻地离开了。

穿山甲在人类面前毫无反抗之力，被逼迫到了绝迹的边缘。如今，每年2月的第三个星期六被定为“世界穿山甲日”，中国也将穿山甲列入国家一级保护野生动物，药典中也不再有穿山甲的名字。在中国，穿山甲总算是结束了被人类捕捉的苦难命运。

江西大地上纵横着无数雄阔的山峰，是穿山甲居住的**“千万间广厦”**。

中华穿山甲

鳞甲目、穿山甲科哺乳动物。嘴巴细长，脑颅大，呈圆锥形。小眼睛，形体狭长，全身有鳞甲，四肢粗短，尾扁平而长，背面略隆起，全身长鳞甲如瓦状。鳞片棕褐色，老年兽的鳞片边缘呈褐或灰褐色，幼兽尚未角化的鳞片呈黄色。视力不佳，依靠气味来寻找猎物。以白蚁、蚁、蜜蜂或其他昆虫为食。

它是夜行穴居动物，会爬树，还有很强的游泳能力。栖息于丘陵、山麓、平原的树林潮湿地带。在江西省多见于九连山国家级自然保护区、江西武夷山国家级自然保护区、江西井冈山国家级自然保护区、官山国家级自然保护区等地区。

被列入中国《国家重点保护野生动物名录》，为国家一级保护野生动物，被世界自然保护联盟（IUCN）“濒危物种红色名录”列为极危（CR）物种。

延伸阅读

屈原（约前340～前278年），战国时期楚国诗人、政治家，中国浪漫主义文学的奠基人，“楚辞”的创立者，被誉为“楚辞之祖”。其主要作品有《离骚》《九歌》《九章》《天问》等。

《天问》是战国时期诗人屈原创作的长诗。

“延年不死，寿何所止？鲮鱼何所？鬿堆焉处？”鲮鱼：神话中的怪鱼；鬿堆：神话中的怪鸟。大意为：延年益寿得以不死，生命久长几时终止？怪鱼鲮鱼生于何方?怪鸟鬿堆长在哪里?

《神农本草经集注》是中国古代医药学著作，又称《本草经集注》，作者为南北朝时期的医学家陶弘景。《神农本草经集注》共7卷，记载了730种药物，并按照药的自然属性进行分类。

“安得广厦千万间”——唐代杜甫《茅屋为秋风所破歌》。

山中卿相：白鹇（xián）

山中有一人迹罕至的深涧，两侧都是高山，湍急的溪水经过深涧流向江河，山上的植被极为丰富，鸟儿也多，这里就是白鹇的家。

河谷，是属于花儿和鸟儿的世界，在这里，缤纷的山林和潺潺的流水都令人沉醉，百灵鸟、斑鸠、画眉、喜鹊等鸟儿都生活于此，它们各行其是，互鸣共欢。

这些鸟儿都是山林的孩子，没有谁愿意安静下来，更像是赛歌，此起彼伏，闹腾得很。这是大自然音乐剧场的演出时间，人们很容易就沉浸在清脆的鸟鸣与叮咚的水声交织而成的协奏曲中，心里卷起浪花。从某处传来了一声与众不同的啼叫，这是一种沙哑的、断断续续的、骤然下沉的声音，仿佛有一个不速之客侵入了清亮的春光。

循声找去，只见云气低回的竹林前，有一只素裹的长尾鸟，冷傲地站立着，不时啄理着毛翎，美丽夺目。

“似山鸡而色白，行止闲暇”，**《禽经》**里的这句话揭示了鸟儿的身份——这必是白鹇无疑。

纯白、灰蓝、赤红的搭配，加上白羽上“V”字形的黑纹，白鹇的身上充满带有设计感的撞色，露出它与生俱来的贵气，头顶往后的一束羽冠也尽显它的时尚和优雅。不愧是天地间的尤物，只有花事盛大的春天才能匹配这种颜值，难怪谪仙人李白也为它神魂颠倒。

白鹇又名银鸡、银雉、越鸟、越禽、白雉，是名贵祥瑞之物。人们爱屋及乌，它沙哑的啼声并未招人厌烦，反而被赞为“哑瑞”。白鹇并非只会发出这种声音，危险来临时，它们还会发出刺耳的高音警示同伴。

白鹇不仅是吉祥鸟，还是义鸟。

广东崖山上的白鹇亭有一段白鹇殉主的故事：“崖山之败，陆秀夫抱祥兴帝与俱赴水。时御舟一白鹇奋击哀鸣，与笼坠水中死。”（**《虞初新志》**）

故事讲的是南宋末年，陆秀大领着小皇帝赵昺（bǐng）退到崖山时，有人送上一只白鹇给小皇帝解闷。白鹇很可爱，赵昺毕竟年仅七岁，童心未泯，非常喜欢它，亲自喂养。

不久，南宋小朝廷撤到舰船上，赵昺把白鹇带在身边。这只不寻常的鸟一登上船就变得躁动非常，寝食难安，双目盈泪，目光中透露着凄凉。

崖山海战宋军惨败，陆秀夫被迫背负赵昺投海殉国。白鹇在笼中悲鸣，奋跃不止，摇脱笼钩连同鸟笼一起坠入海中殉主。后人感其义，在一座庙边修建义鸟冢以示纪念，此冢就是后来的白鹇亭。

后有传言，说这只白鹇死后化为精灵，寻找到浮在海上的赵昺遗体。它唤来鸦雀，遮盖着赵昺随海潮漂至大陆，直到当地村民安葬这个可悲的南宋幼帝，群鸟才肯散去。这则故事流传甚广，**丰子恺**先生以此故事为蓝本绘了一张图，放入了**《护生画集》**中。

眼前这只闲适的白鹇，看上去像是刚吃完饭，站着休憩，有虚度在山水间的自在和一身超然物外的仙气。

白鹇长得高贵，却从不挑剔食物，植物的花叶、幼芽、根茎、浆果、种子都吃，也吃蝗虫、甲虫、蚂蚁等昆虫。

明朝文学家冯梦龙说白鹇性愚：“白鹇爱其尾，栖必高枝。每天雨，恐污其尾，坚伏不动。雨久，多有饥死者。”宁亡不污其羽，或许这正是李白迷上了它们的原因，竟然愿意用白璧向养鸟人胡老先生换取白鹇。

养鸟在中国有着悠久的历史，周代人养鹦鹉，唐代就开始养黄鹂，宋代养百灵、画眉盛行。明清时期养鸟之风更盛，上至王公大臣，下至黎民百姓，都以养鸟为乐，种类也更加丰富。

据说以前在青城山，李白养过白鹇，但不成功。黄山胡公的白鹇由家鸡孵出，饲养得法，颇为听话。不过，胡老先生没有要李白的白璧，只要这位谪仙人一首诗，李白高兴得手舞足蹈，即刻创作带序文的五言诗篇**《赠黄山胡公求白鹇》**：“**请以双白璧，买君双白鹇。白鹇白如锦，白雪耻容颜。照影玉潭里，刷毛琪树间。夜栖寒月静，朝步落花闲。我愿得此鸟，玩之坐碧山。胡公能辍赠，笼寄野人还。**”诗句间分明可见李白一脸急不可耐的天真。李白独爱白鹇，也许是因为他从白鹇身上看到了自己的影子。

胡老先生用一对白鹇换来了千古留名，白鹇更是在这场体面的交易中获得了最动人的“广告语”。

李白之后，写白鹇的文人越发多了。欧阳修、苏轼、苏辙、梅尧臣、徐渭，众多文人无不执笔抒发着白鹇那与生俱来的诗意。

人们一直想给白鹇一个尊宠有加的头衔，因凤凰素有“百鸟之王”之称，久而久之，白鹇便得了“白凤凰”这个头衔。

白鹇虽为闲客，但在一种情况下，它会不顾形象，张扬得“判若两鸟”，完全失去了诗人们所描述的娴雅之态，那就是在求偶的时候。

阳春三月，雄鸟之间为争夺配偶开始发生激烈的争斗。

面对雌鸟，帅气的雄鸟要起了酷，像跳交谊舞，绅士般地从雌鸟右后方向左前方绕圈，行至雌鸟一侧和雌鸟并行或即将并行时，便开始不断大幅度地左右缓缓摆着它的长尾，然后继续向前方走动，绕过雌鸟头前再从右侧走开。每绕一圈后，雄鸟便在雌鸟二三米开外伫立着，一二分钟后再重复，绕上个六七次。有时，雄鸟还会在雌鸟身旁快速连续地做下蹲运动，似乎在展示体力，或是高频率小幅度地激烈振翅，同时发出轻微而颤抖的低鸣。

在日常的状态下，白鹇族群是轻松的，生活的负重，像山里的石头全部被踩在了脚下，所以才能显得那样泰然自若。

沟谷幽静，郁郁苍苍，白鹇是山中的白衣卿相，视大山为天然的府邸。一只白鹇振翅掠过，飞向另一边山林，在它的后面还跟着一只。它们无聊地飞来飞去，什么都不去想。还有十来只聚集在水流旁，风姿绰约，有的跃起，有的梳妆，有的漫步，有的准备起飞，看上去很和谐，其实在白鹇的府邸中，有森严的等级制度。白鹇很有派头，常居于海拔千米以上，只栖息在高耸的大树上。它们并不筑巢，直接站在树枝上睡觉，像绝世高人，即使休息也颇有神鸟的气象。

雌雄白鹇的体型和外貌差得很远。雄鸟身长有100～119厘米，雌鸟仅有58～67厘米，雌鸟不是白色的，而是浑身橄榄褐色。

白鹇的生活很有规律，活动区域、线路都相对固定，就如那句歇后语：白鹇走的路——规规矩矩。当然，雄鸟性子一上来，也会显摆，它们摆动红艳的双脚疾行，长羽如白色披风，气宇不凡。雌鸟就很低调，像个贤内助，质朴持家。

看白鹇率家中老小，择一山水静处，做与世无争的白衣卿相，它们轻巧地落到树枝上，踮着脚，轻轻地踱步，在天空挂满星星的深山中，一家人簇拥在一起，羡煞旁人。

白鹇

鸡形目雉科鹇属的一种鸟类。雄鸟身体背部羽毛呈白色带有黑纹；身体腹部羽毛呈黑色。头顶有黑色长羽冠，尾部白且长，具有较高的观赏价值。雌鸟体型较小，以橄榄褐色为主，身体腹部长有白色或皮黄色细纹。眼睛呈褐色，眼周围有红色裸皮，喙黄色，脚鲜红色。白鹇是杂食性鸟类，主要以植物的嫩叶、幼芽、花、茎、浆果、种子以及苔藓等为食，也吃鳞翅目昆虫。栖息于季风常绿阔叶林、针阔混交林及马尾松林。常成对或以家族群活动，生性机警，胆小怕人。分布于我国华南、华中及西南地区，在江西省见于江西庐山国家级自然保护区、官山国家级自然保护区、江西井冈山国家级自然保护区、九连山国家级自然保护区等地。

由于栖息地被破坏、被猎捕等原因，导致白鹇数量减少，现为中国国家二级重点保护野生动物。因白鹇雄鸟双色素雅，具有较高的观赏价值，如今很多动物园和雉类养殖场都有饲养繁殖。

延伸阅读

《禽经》是我国最早的一部鸟类学著作，全文3000余字，相传作者是春秋时期晋国人师旷，晋代文学家张华作注。一般认为该书是唐宋时期别人托名所作。作者在参阅前人鸟类著述的基础上，总结的宋代以前的鸟类知识，包括鸟类命名、形态、种类、生活习性、生态等内容。

《虞初新志》是中国古代文言短篇小说集，由清代文学家、小说家张潮编辑而成，收集明末清初人的文章，并附评语，共20卷。故事题材广泛，带有一些奇异的情节或不寻常的人和事，文笔优美，引人入胜。其中的代表作《口技》曾被选入人教版语文七年级下册教科书、《核舟记》曾被选入人教版语文八年级上册教科书。

丰子恺（1898～1975年），中国现代漫画的鼻祖，散文家，在漫画、书法、翻译等方面均有突出成就。他的画作多以儿童为题材，幽默风趣，反映社会现象。

《护生画集》是丰子恺与他的师父李叔同合作的一部劝世人爱惜生命的画集。全书6集共450张画作，创作历时46年（1927～1973年），是丰子恺漫画的代表作，被称为不可多得的文化精品。

赠黄山胡公求白鹇

［唐］李白

请以双白璧，买君双白鹇。
白鹇白如锦，白雪耻容颜。
照影玉潭里，刷毛琪树间。
夜栖寒月静，朝步落花闲。
我愿得此鸟，玩之坐碧山。
胡公能辍赠，笼寄野人还。

译文：我想用一双白璧，买您的这对珍贵白鹇。白鹇浑身的羽毛就像雪白的丝绸，这颜色令大自然中洁净的白雪都自愧不如。白鹇悠闲地将玉潭里透亮的清水当作镜子，站在琪树的树枝上，梳理着自己的羽毛。夜晚在冷色的月光下幽静地安睡，早上就在落花间闲步。我很希望得到这对白鹇，在碧山绿水间赏玩它们。胡公您如果能相赠，我就在这儿与白鹇为伴化为山野之人。

赏析：本首诗托物言志，借物抒怀。作者以至真至诚、至纯至性的语言，描写白鹇之娇美纯洁、安闲自在、从容淡雅。细腻爽直的语言透露出作者对白鹇的极度喜爱和赞美之情，也以白鹇的超凡脱俗指代作者高洁的品性以及渴望摆脱尘世束缚，向往从容诗意生活的心志。

“双煞”兄弟：花豹与云豹

里尔克盯着巴黎动物园里的一头豹子，他想到彷徨、挣扎、渴望自由的自己，内心映照着被笼子禁锢的豹子。于是他以象征主义的手法，在1903年写下了久负盛名的《豹》——

“它的目光被那走不完的铁栏杆缠得这么疲倦，

什么也不能收留。

它好像只有千条的铁栏杆，

千条的铁栏后便没有宇宙。

强韧的脚步迈着柔软的步容，

步容在这极小的圈中旋转，

仿佛力之舞围绕着一个中心，

在中心一个伟大的意志昏眩。

只有时眼帘无声地撩起——于是有一幅图像浸入。

通过四肢紧张的静寂——在心中化为乌有。”

只有豹子这样的动物，才会把栅栏看成如同自己一样的活物，它走，栅栏也走，没完没了，以致最后“在心中化为乌有”。

豹子是高山丛林里勇猛的动物。在南方山区，不论鸟兽或是人类，最怕遇见“双煞”——花豹和云豹。

花豹、云豹这两种腾腾杀气的猛兽在山中疾行，像风一样奔跑，在它们带起的猛烈的疾风中，仿佛散发出浓烈的荷尔蒙。

它们是强壮的猫科动物，是大山里的武力担当，繁茂的丛林隐藏了它们凶狠的目光。发现猎物后，它们会盯紧，等待伏击的机会，时机成熟便犹如旋风过境，迅雷狙杀。它们是纵横群峰间的游侠，更是行踪诡秘的猎手。

一身富贵的花豹浑身布满像铜钱一样的黑色斑点，它们是蹿进山林的闪电。独自行动的云豹，不同寻常的大嘴仍保持着史前剑齿虎的遗风。一般的猫科动物最大可以将嘴张到65°～70°，而云豹轻轻松松能将嘴巴开至接近90°，其无与伦比的咬合力远远超过比它们重的其他肉食动物。

狮虎熊是至刚的猛兽，与震天动地的狮吼虎啸相比，豹子的低吼则显得内敛而低沉，动静虽不大，但两三千米开外都能听到。体型比花豹小的云豹，四肢显短，发出的声响则更像一只软萌的猫，完全不像无坚不摧的猎手。

豹子有一根具有传奇色彩的尾巴，正所谓“虎头豹尾”，再没有什么动物拥有比豹子更有力量的尾巴了。在决斗的过程中，尾巴是豹的秘密武器。古时，天子的车队必须“前旄（máo）头，后豹尾”。头戴熊皮冠谓之“旄头”，《尔雅翼·卷十九》解释道，“熊出而不迷，故开道者首熊以出焉；豹之为物往而能反，故广志曰：‘狐死首丘，豹死首山’，豹往而能反，故殿后者尾豹以入焉”，以豹子出而能返的特性，隐喻着平安归来。古人还调侃说老虎不认路，走出百里之外，就会迷路。

云豹像一只恋树的大猫，爱赖在树上生活，它们那几乎接近身长的尾巴在奔跑跳跃中有保持身体平衡的作用，有时甚至能像猴子一样倒挂金钩，轻便地从树上俯身而下突袭猎物。云豹体长不过70～106厘米，个头和一只成年猫差不多，是豹亚科中最小的“大猫”了。因它们体侧有六个云头状的暗色大斑纹，所以云豹的名字也就叫开了。

云豹与花豹之间的亲缘，还不及老虎与花豹。老虎销声匿迹后，豹家双煞盘踞在南方山林里食物链的顶端，横扫一切，蔑视座下不堪一击的走兽。

民间将花豹、雪豹、猎豹、云豹、美洲豹都称作豹子，但只有花豹横跨亚非大陆，从广袤的荒漠到高寒的山巅，像无畏的游侠，它们美丽的皮囊下藏着一颗凶猛的心。花豹、云豹这对猫科动物中无坚不摧的兄弟令人恐惧。

花豹、云豹是以速度和灵巧著称的神行太保，是久负盛名的全能型攻击手，所以谁也不敢轻易招惹它们。可是后来，它们的数量越来越少，前些年，人们因为发现花豹的脚印而抑制不住兴奋，再后来，又有人亲眼看见了云豹，在监控镜头里，它很惬意地卧在一根粗壮的树杈上。

在山林里，花豹、云豹处于食物链的最上层，这是生态完好的重要凭证，说明这里的生物呈多样性发展，丰富的植被栖息着众多的食草和啮齿动物，所以才能吸引“双煞”兄弟的到来。

花豹、云豹天生感官发达，善于捕猎。**《淮南子·兵略训》**以虎豹的特性为例，论及军事：“虎豹不外其爪，而噬不见齿。故用兵之道，示之以柔而迎之以刚。”意思是聪明的猛兽在追捕猎物之前，必然先把尖爪利牙隐藏起来，真正的强者也不会随意地向他人炫耀力量。

作为肉食动物，花豹、云豹分散在不同海拔的地理区域，擅长突袭猎物，几乎战无不胜。

幽暗的傍晚，山林格外安静，任何声响都隐藏不住，该是花豹、云豹大显身手的时候了。连绵的山岭是它们的绝佳捕猎地，在树上饱睡了一个白天的“双煞”是精明的伪装者，敏捷地上蹿下跳，松松筋骨。它们很孤独，缺少同伴，当然，也无对手，想品尝什么，都依着它们的心情。瘪瘪的肚子催促它们尽快进食，一场杀伐开始了。任何动物都逃不过“双煞”敏锐的眼睛。它们捕杀可口的猎物，饥即求食，饱即弃余，手到擒来，茹毛饮血。它们陶醉在食而无忧的快乐时光里，尽情享受着大山提供的丰盛食物。

对于野猪、鬣（liè）狗、山鸡、猴子、羊、兔、鹿等动物来说，生性好斗的花豹云豹就是催命幽灵。花豹伸伸懒腰，鼻子嗅了嗅四周，双眼盯着前方，一只长耳兔还未来得及反应，危险就已经降临。花豹微微一蹲，“嗖”地蹿出去，不费吹灰之力，袭击了这只可怜的兔子。

花豹云豹擅长游泳，有时也吃鱼，或用灵敏的身手捉一只来不及飞走的鸟，调节一下口味。享用一顿肥嫩鲜美的美食后，花豹蹭了蹭身体，找了棵舒适的树木底下趴下来，迷迷糊糊地享受温暖的阳光，准备再次进入梦乡。云豹则叼起动物，也不急于享受，而是蹿回树上，趁着良宵，大快朵颐。

花豹和云豹统治着延绵的群山，俗话说“一山不容二虎”，但延绵的大山，足以容得下它们。

花豹的抓痕、刨迹和排泄物都用于划界。为了建立自己小小的帝国，领地里的雌豹也会被视为私产。雄豹在与雌豹交配后，留下雌豹照看孩子，自己则在外围承担安全防卫的职责，守护着家庭，驱逐其他危险动物和其他成年雄豹。花豹宝宝长大后，若是女儿则会得到一块父亲的领地，而儿子则必须像个男子汉，去开辟自己的版图。

花豹就这样划分“楚河汉界”，在自己标识的领地里独乐乐。而云豹却没有地盘意识，它们开明得多，不介意与花豹甚至老虎共享领地。有时也不管那么多，哪儿都敢去走一趟，就是其他花豹、虎的地盘也会去闯一闯。山里的食物太丰富，跑上一圈，肚子就填饱了。云豹不挑食，除了吃荤以外，偶尔还会吃吃素。

作为豹中王者，花豹有着王者风范，它捕食有原则，正所谓“弱水三千只取一瓢饮”，所以中国文化中有“狼贪豹廉”的说法——饿狼食不足，为贪兽，饥豹食有余，为廉兽。豹子曾有一个规规矩矩的名字——“程”。“程”是一种长度单位，即一厘，引申为规章、法式、次序和度量计量。《说文解字》中指出豹“勺物而取”，意思是按程度而食，说明它们十分谨慎。

独栖的豹子历来倍受皇家青睐，豢（huàn）养成宠物或战斗力量，豹的行为也被放进传统的道德观念中，所谓“狐死首丘，豹死首山”，说的是狐狸和豹子在临死前，会将头转向自己出生或生活过的地方，后人用这句话表达对故乡的思念和不忘本。出自《周易》“革卦”的成语“君子豹变，其文蔚也”，则是说君子的成长就像豹的生长，从无纹的丑陋到豹纹越来越多，变得好看，鼓励人们以一种积极的态度面对成长的过程。后来又有“南山豹”一词，指人惜其身，如豹惜其纹，有所为，亦有所不为。后人以“南山隐豹”一词指代隐居山林而不做官的贤者。

豹亦是勇士的图腾，它们奔跑的身形仿佛连风都追赶不上，壮阔的雄心在有力的四肢下复苏。岁月相催，每个生灵都崇尚自由，它们生死相搏，苦苦轮转。兽如草木，亦有盛衰。相传，伟大的黄帝率领熊、罴（pí）、狼、豹、貙（chū）、虎为前驱的军团，在阪泉之野与炎帝作战。豹是山林的光芒，在壮阔的山岗上还保存着灼热的英雄气，即使老虎归来，也不会落败。

虽说豹是人类的吉祥物，但是奢靡的“八珍”中却有一道菜是“豹胎”，顾名思义，就是豹子的胎盘。以前在传统中药材中也有花豹和云豹的骨骼，说有祛风湿、强筋骨、镇惊安神的效果。现在它们都属于国家一级保护野生动物，所以这些所谓的药材都被禁用了。对于人类，豹大体上遵循“人不犯豹，豹不犯人”的原则。这种凶猛机智的动物对人类的余悸犹在，云豹就怯人。

人类开始珍惜豹，提供了一个又一个保护它们的家园。花豹云豹奔跑时带起的劲风仿佛吹散了以往被猎杀的阴霾。于是它们重出江湖，占据山头，重新做好汉。它们享受着阳光和清风带来的所有美好，或奔跑或坐卧，像是守护这千山万水的一对瑞兽。

花豹

哺乳纲、猫科、豹属的大型肉食性动物，体型似虎，但明显较小，躯体均匀，四肢中长。视觉、听觉、嗅觉均很发达。头小尾长，四肢短健，爪子呈灰白色，能伸缩。毛为黄色，满布黑色环斑，因颇似古代的铜钱，所以又有“金钱豹”之称。花豹生活于森林、灌丛、湿地、荒漠等环境，巢穴多筑于浓密树丛、灌丛或岩洞中。常夜间活动，白天在树上或岩洞休息。在食物丰富的地方，花豹活动范围较固定；食物缺乏时，则游荡数十千米觅食。守卫自己较固定的疆域，雄性的领域比雌性的大。捕食各种有蹄类动物，也捕食猴、兔、鼠类、鸟类和鱼类，秋季也采食甜味的浆果。食物缺乏时，也于夜晚潜入村屯盗食家禽家畜。被列入中国《国家重点保护野生动物名录》，为国家一级保护野生动物，被世界自然保护联盟（IUCN）“濒危物种红色名录”列为易危（VU）物种。

云豹

食肉目猫科云豹属哺乳动物。背部和体侧有独特的云状花斑，皮毛基色是均一的浅蓝色到灰色，并在体侧有大的云朵状斑块；两条间断的黑色条纹从脊柱延伸到尾基部；四肢和腹侧有大的黑色椭圆形斑块；头冠有斑块，鼻吻部为白色，从眼和嘴角延伸到头侧面有深色条纹。耳短而圆，耳后黑色并有浅灰色斑点；黑眼圈向后变为黑条纹穿过面颊；尾粗且多毛，最初是斑点，接近尾端时变成黑色的环。尾长接近体长，枕侧突向后凸出。云豹栖息于原始常绿热带雨林，但也见于次生林和采伐林中。捕食椰子猫、猪、雉鸡类、猕猴、长臂猿、小型哺乳动物和鸟类，并会袭击鸡舍。夜行，独居。被列入中国《国家重点保护野生动物名录》，为国家一级保护野生动物，被世界自然保护联盟（IUCN）“濒危物种红色名录”列为易危（VU）物种。

在江西省，花豹和云豹可见于江西庐山国家级自然保护区、江西赣江源国家级自然保护区、江西九岭山国家级自然保护区、马头山国家级自然保护区、官山国家级自然保护区、江西井冈山国家级自然保护区、九连山国家级自然保护区和桃红岭梅花鹿国家级自然保护区、江西阳际峰自然保护区等地。

延伸阅读

赖内·马利亚·里尔克（1875～1926年），奥地利诗人，代表作有《祈祷书》《新诗集》及《杜伊诺哀歌》等，被誉为20世纪最伟大的德语诗人。

《尔雅翼》宋代罗愿著，是专门介绍《尔雅》中著录的草木鸟兽虫鱼等物的书籍，提供了丰富的古代动植物方面的知识。

《淮南子》是西汉初淮南王刘安集门客编撰的一部书，有内21篇，外33篇，内篇论道，外篇杂说。现只流传内21篇。全书以道家思想为主，糅合了儒家、法家、阴阳五行家等思想。《兵略训》是其中一篇兵书。

《说文解字》简称《说文》，是由东汉经学家、文字学家许慎编著的语文工具书，是中国第一部字典。它开创了部首检字法的先河，系统全面地解释字的形、音、义，对后世影响深远，是科学文字学和文献语言学的奠基之作，在中国语言学史上有重要的地位。

《周易》也称《易经》或《易》，儒家经典之一，内容包括经和传两部分，通过八卦形式，创造了结合象数与义理的独特思想体系。所提出的阴阳刚柔、道器之分、天道与人道的联系等学说，对后世中国哲学有深远影响。

生旦净末丑：猴子世家

这群猴子有属于自己的故事。

在庐山的步道上，猴子先锋突然蹿出，直愣愣地盯着路人手上的食物，随后树林中的同伴陆续跳蹿出来，一群猴子往那里一堵，像是拦路打劫的山大王。

猴子是享乐主义者，对于路人手上五花八门的食物，它们都很有兴趣。它们冲到路人面前，上下打量，眼神十分温和。它们没有敌意，只会试探地靠近。

这些年，人们在庐山常常与猴子打照面儿，彼此之间越来越熟悉。当它们像往常一样跳蹿出来，与游客四目相对，倒也不怯生，像是看见了老朋友。

人类对猴子很是偏心，在名著《西游记》中，吴承恩不仅将“猢”字去掉动物成分，让它有了一个光明正大的姓，而且将它塑造成能上天入地的头号战神，所悟即空，给了它立地成佛的完美归宿。

人们那声脱口而出的“泼猴”，总是带着笑意和戏谑；一声爱称“悟空”，便显得温柔。

猴子是社会性动物，喜欢群聚生活，数百只猴子在山林里结成另一个社会，遵循着自己的行为原则。

一个个猴子世家分布在纵深的山岭间，它们生活得很惬意，有花有果有水帘的地方便是它们的家。

彰显猴子特点的词有很多——大摇大摆、抓耳挠腮、上蹿下跳、龇牙咧嘴、尖嘴猴腮、机灵、敏捷……猴儿的脸，说变就变，它们情绪外露，丰富的表情像极了人类。

在灌丛树木间，猴们回旋，奔跑，或互相梳毛，或追逐打闹，有它们在，山就不寂寞了。猴子是庐山的生机，给山川带来了无限欢乐，它们在这翠绿的山野里悠然自得。猴子是庐山生态中最活跃的部分，嘻哈打闹，上蹿下跳，猴子来了，山林便成了一个喜剧台子。

你看，这是一只离了群的猴子。它是短尾猴，长着一张酷似醉汉的脸，红通通的脸配上络腮胡子般的毛，敦实、憨厚的样子，很像《白雪公主和七个小矮人》中的小矮人。它们得名于短短的尾巴，尾巴大概是身体十分之一的长度，短小不说，还耷拉

着稀疏的毛。

与短尾猴对视的一刻，总有一种熟悉又陌生的感觉，原来，原始人和黑猩猩、大猩猩、猩猩、短尾猴有着同一祖先。短尾猴爱热闹，喜欢群居生活，纵有一身攀桃揽月的本领，有时也喜欢安静坐着，赏花赏叶。

这只短尾猴看起来上了年纪，眼神里全是从容与淡定，神情笃定又深邃，与年轻猴子的躁动兴奋完全不同。老猴蹒跚而来，面目虽已朽迈，但身上满是岁月沉淀。它攀上一块岩石，站定了，回头冷冷地瞥了游客一眼，从它霸气的眼神里人们能感觉到这是一只有故事的猴子。或许在好些年前，它在一场残酷的内乱中被篡位者驱逐下台。它也许曾是整个猴子家族的灵魂，说一不二，有着家长的威严，带领一支队伍，一路登高涉水，闯荡在丛生荆草中，穿林过涧，啸傲寒山孤峰。

很难想象，喜欢恶作剧的顽皮猴子们聚集生活时，却是一个极有纪律的群体。高大的庐山给了短尾猴季节性垂直迁移的地理环境。猴群迁移时，常常由体力充沛的母猴领队，强壮的公猴断后，在较为固定的路线上，有秩序地一个紧接一个转移、撤退或前进。它们果断迅速，在森林、水边秘密前进，像进行隐蔽的急行军。猴崽子们倒吊在母亲腹下，休憩时，母猴则会把孩子捂在怀里，小猴便迷迷糊糊地入睡了。大致五天之内，它们就能赶到下一个目的地。

在猴子家族，没有终身的王权，造反似乎是猴子的天性。猴子对权力的欲望坦率而直接，在族群里只能有一个威风八面的“大王”。猴王靠伶牙俐齿可当不上。猴王的选拔全靠武力值，要想称王，面对面地干仗是唯一的途径。

争王擂台比试是猴群的盛事，有实力的挑战者垂涎王位已久，此刻再也忍耐不住，它开始发起挑战，冲着老猴王瞪眼、拍地、恐吓，进而追赶、抓毛和撕咬。老猴王也毫不畏惧，两只大猴打得不可开交。这是攻与守的战斗，充满了残酷性。挑战者信心满满，守擂者不到最后一刻，决不认输。一场擂台打下来，两边打得天昏地暗，伤痕累累。若是双方势均力敌，战斗要持续好几天。老猴王曾接受过几次挑战，都未被打败。苦战之后，群猴欢呼，败下阵来的一方沮丧地躲在一旁，猴群重新恢复宁静，老猴王又开始了巡视猴群的日常。

终有一天，老猴王力会不从心，败下阵来，它遍体鳞伤，很难再有机会重登王座了。新的王者炫耀着结实的身体，在上一任猴王垂老不甘的眼神中带领族群开启新的征程。

在庐山，猕猴的群体也很庞大。它们自由嬉耍玩闹，在藤上荡秋千，爬树攀岩，有些小猴挤挤挨挨并排坐着，竟然还有专司站岗的猴兵，很有军事色彩。

在猕猴群里，只有那只当家的猕猴才有资格将短尾巴高高翘起，这是王者的荣耀。其他猴子显然不敢轻举妄动。它们有一个不太好的习惯——嗜好甜果，未熟透的果子咬一口就扔掉，边采边扔，所过之处如秋风扫荡，枝断叶飞，弃果满地。山里人打趣说，都是它们的祖先——美猴王惯出来的。

猴子是杂食性动物，常吃的有水果、植物的鲜枝嫩叶、花芽、竹笋、种子、昆虫等，有时想换换口味了，甚至会去捕捉螃蟹、青蛙等一些小动物为食。

猴子和狗熊一样，会去偷人类的东西。月黑风高，趁着夜色，它们蹑手蹑脚，鬼鬼祟祟蹿入农家田地，搬运粮食。

开始，村里人把猴子当成“小祖宗”宠爱着，也不计较什么。可猴子的胆子越发肥起来，光天化日下竟大摇大摆地到田地赴一场盛宴，没把自己当外人，毫不客气伸手就拿。现在，村里人看着它们来捣蛋，又伤害不得，毫无办法。这下可好，玉米、稻谷、红薯遭了殃，人们驱散了东边的猴群，西边的猴群又溜了进来，它们像一群小无赖，闹哄哄地来，笑嘻嘻地走，只留下乱糟糟的脚印和一片狼藉。

有趣的是，短尾猴挖到红薯，还会排队在河里洗干净再吃。科学家认为这是非人类种群表现出的一种特有现象。据考证，短尾猴是人类的远亲，又叫断尾猴，它们没有成为人，而是在一个叫庐山的“江湖”里，过着闲适的“猴生”。人类与猴族，在各自的舞台，各自表演，各有精彩。

小猴总是一副心不在焉的样子，它坐着不是，站着也不是，不停地晃荡着，上蹿下跳。它眼珠骨碌碌地转，一看情况不妙，屁股上像装了弹簧，一蹦三尺高，一边还会不停地“吱吱”叫着，像是为自己打气。

猴子家族并不是我们所认为的那么自由散漫。在猴子家族里，猴子们都必须遵守猴王的规矩。你瞧，一只犯了错的小猴正一脸可怜样，孤零零地待在一旁等待问责。一旁一脸冷漠的猴王，严厉地呵斥了小猴一顿，小猴傻傻地愣在那儿，像是在反省一样。

惩戒是严厉的，猴王得让小猴清醒清醒，小猴的母亲也是心有余力不足地干着急。没有规矩不成方圆，何况猴子家族有长幼，还有阶层。在猴子家族里，存在着对上位者绝对的尊重和臣服，低层级的猴子对高层级的猴子必须保持着行为礼仪。

阅猴无数的老猴王更享受山谷的空灵，阳光顺着山林的间隙，缓缓浮过静谧，一两声的鸟鸣缀着河水叮咚，有种物我两忘、与天地对话的超脱。

老猴王也有气力不足的那天，它行动迟缓，反应呆滞，连队伍都跟不上了，成为猴子家族的拖累。曾有一只受了伤的落单老猴王被救助站收养，得以在那里度过余生。而也有老猴王无力等到救援人员，最终倒在静悄悄的路上，身体被纷飞的大雪逐渐覆盖。

这是大自然的残酷，在动物世界中，每天都会上演相似的故事。

短尾猴

灵长目猴科猕猴属哺乳动物，又称红面猴、断尾猴，是昼行性树栖动物。喜群居，多在地面活动，以野果、种子、昆虫、小型无脊椎动物等为食。常栖息于热带雨林、季雨林、季风常绿阔叶林、落叶阔叶林及中山针阔叶混交林中。

短尾猴体形浑圆、憨实，四肢粗壮。体背毛一般呈黑褐色；头毛颜色随年龄增长与性别差异稍不同，有的几乎全黑，有的为褐色；胸腹部及四肢内侧毛稀疏且色泽较淡，肩部、颈部和背部的毛较为粗糙，胼胝周围基本裸露无毛；年老者颊部毛长似胡须。颜面褐红色，尾呈弯钩形。

短尾猴的许多生物学和行为学特性与人类相似，常用于生殖繁育、行为学方面的研究。被列入中国《国家重点保护野生动物名录》，为国家二级保护动物。被世界自然保护联盟（IUCN）“濒危物种红色名录”列为易危（VU）物种。

猕猴

灵长目猴科猕猴属的哺乳动物，栖息于热带、亚热带及暖温带阔叶林中，在从低丘到4000米高海拔，僻静的各种环境中均有栖息，尤喜在石山的林灌地带，特别是那些岩石嶙峋、悬崖峭壁又夹杂着溪河沟谷、攀藤绿树的广阔地段活动。

猕猴一般集群生活，通常30～50只为一群。它们躯体粗壮，在同属中体型偏小。面部裸露无毛，轮廓分明；眼间的距离较窄，前额低，脸部及两耳肉色，吻部突出，臀部胼胝体疣红色；体色多呈棕灰色或棕黄色，背部后半部毛呈橙黄色而有光泽，腹面淡灰色；尾短，具颊囊。

猕猴为杂食性动物，以野果、树叶、昆虫为食，也盗食玉米、甘蔗等作物。寿命约为30年。

由于其杂食性和很强的繁殖生存能力，20世纪中叶猕猴曾一度成为农业害兽而遭到各种方式捕杀，导致在部分地区直接灭绝，数量大幅度下降。因出口而被肆意活捕也是导致猴群数量下降的因素。1989年，猕猴被中国《国家重点保护野生动物名录》列为二级保护野生动物。

猴类在江西省见于江西庐山国家级自然保护区、江西南风面国家级自然保护区、齐云山国家级自然保护区、江西九岭山国家级自然保护区、马头山国家级自然保护区、官山国家级自然保护区、江西井冈山国家级自然保护区和江西阳际峰自然保护区等地区。

延伸阅读

《西游记》是中国古代长篇神话小说，由明代吴承恩创作。共20卷100回，讲述了唐僧师徒四人西行取经，历经九九八十一难，最终到达西天见到如来佛祖，取得真经的故事。家喻户晓的孙悟空就是以猴子的形象示人，深受广大读者的喜爱。

山妖：中国大鲵（ní）

夜深人静，野岭苍谷之间，突然传来阵阵啼哭，似孩童放声号啕。那哭声久久不绝，令人毛骨悚然。

天亮后，村里人成群结队地满大山寻找声音来源，却一无所获。村民人心惶惶，自此“鬼婴”的说法不胫而走。一些胆大的人听闻后，特地赶来想一探“鬼婴”的真面目。他们循声而行，发现哭声是从水洞里传出来的。他们战战兢兢不敢靠近，甚至在洞口点起了香火。有人说，许是山妖作怪，村里人个个脸色发白，一阵慌乱。

后来，村里来了一个读书人，听闻此事，笑了，扬言要带大家去“捉妖”。他让村里胆大的人一起守着水洞，一部分人进洞，费了半个来时辰，终于把“山妖”捉住了。大家一看，长舒了一口气——所谓的“山妖”，是一条长得很丑的鱼，它浑身棕褐色，滑溜溜的。

读书人让村里人不要伤着这可怜“山妖”，它名为“大鲵”。它眼神不好，怕光。被捉后，它使劲地摇头摆尾挣扎着，张开大嘴，露出一排尖而密集的牙齿，非常凶猛。村里人听了读书人的话，把大鲵放了，大鲵十分敏捷，但现在它并不急着逃跑，而是不紧不慢地向洞里过去。

日复一日，年复一年，村里人对于这种奇特的哭声，已习以为常。大鲵，哭泣的妖，山洞里神秘的灵魂，它发出的声音像穿越轮回的童姥在喊魂。山里的各种动物来去匆匆，只有它一直在深夜里守着大山，与风共鸣，随风而喝，见落叶婆娑，感受广阔星辰。

大鲵近乎瞎子，它只能通过嗅觉和触觉感知外界信息。大鲵夜出晨返，在黑暗中摸索着前行，这样的生活，它们祖祖辈辈已经过了三亿六千万年。大鲵寿命长，在几十年甚至百年的光阴里，它的喃语只有山洞聆听。

大鲵，这个大地的留守者，在神话传说中，它背着神巫游荡四海，现实中，它只能固守在狭窄的洞穴里。它不愿多动，更谈不上远途的迁徙。它朝着光的方向，匍匐。它的孤独，仿佛只有时光知道。

在大鲵诞生一亿年之后，恐龙才出现，后来，恐龙成了化石，而大鲵成了活化石。

亿万年漂泊在苍茫的世界，大鲵带着残缺的身体活着，历经磨难，屡次生物大灭绝的血腥味在口鼻之间还未散去，若没有彻夜的“哭泣”，它的心事难以倾诉。

有人说这种长着四肢的动物根本就没有声囊，而且它也不是鱼。《山海经》把它描述成诡异的“人鱼”：“其状如鳑（tí）鱼，四足，其音如婴儿，食之无痴疾。”

大鲵是传说中的神兽龙鱼，远古时代，它是万众膜拜的神灵。考古发现，甘肃省甘谷县出土的两件彩陶人首鲵鱼纹瓶，就是先民对大鲵图腾崇拜的一个表现。有专家认为大鲵就是龙的最早形象。“人首鲵身”的形象也被认为是伏羲氏的形象。如今，这个祖先崇拜的“神”避世于泉溪，民间唤它娃娃鱼，它有正式名称——“中国大鲵”，是中国独有的国宝。

曾经有传说吃了它就不会得疯癫之症，大鲵一度被人类捕杀。它失去了炫目的光环，被迫遁入深山，数量越来越少。曾经崇拜它的人类反而成为它最大的天敌，纵然它退缩到隐蔽的岩洞之中，依然危机四伏。

一双盲眼，看不清世事浮沉，也许是眼不见为净，它不愿去看这个世界，也不愿参与其中。传说中能云腾四海的神兽蜷缩在一片小小的溪河里，这里是它全部的江湖，在悲欢交集的漫长时光里，简单地生活着，做一个不害人的“山妖”。

中国大鲵冬眠时间长达六个月。这食肉的“山妖”吃起东西来胃口极大，偶尔也吃素换换口味。它很聪明，是天生的游击专家，时常设伏以致胜。

大鲵趴在轻柔的水中，一动不动，像一块棕褐色的石头。为对付石蟹，它将带有腥味分泌物的尾巴尖伸入石缝，诱敌出洞，石蟹用螯来钳，它便迅速顺势扯出，露出了凶猛的本来面目，倏地突袭到敌人跟前，用匕首一样锋利的牙齿，狠狠扎入对方的身体。它不尝味道，也不咀嚼，蟹、蛙、鱼、虾以及众多的水生动物来不及反应，便被它一口囫囵吞下。它甚至还能吞咽下小型的鸟和鼠，令人瞠目结舌。

这个长着尾巴的“山妖”外形憨态可掬，见过它的人都会忍俊不禁。它有着扁长的身体，大扁头，长着大嘴、大舌头、小脚小眼小鼻孔。它的四肢很短，前肢长有四趾，后肢长有五趾，从头到背长满了整齐的疣子。

晋代郭璞在《尔雅注》中写道：“今鲵鱼似鲇，四脚，前似猕猴后似狗，声如小儿啼，大者长八九尺。”大鲵一半是鱼，一半是兽。它是最大的水陆两栖动物。现如今，郭璞描述的“八九尺”长的大鲵已见不着了，一米长的大鲵已是不小的。《尔雅》中还说它是寄生于水中的：“鲵大者谓之鰕（xiā）。”“鱼”指水生动物，“叚”意为非原生的，“鱼”和“叚”结合即“非原生于水的水生动物”。这个解释也许不妥，但在古生代泥盆纪时期，地球上只有一块大陆，各大洲还未形成，那时候是属于水生动物的时代，海洋中的鱼类爆发式增长，水生脊椎动物向着陆生脊椎动物过渡时，大鲵停滞在了一个中间区域，似乎忘了登陆。

大鲵保留着敏感的嗅觉和触觉，身上的疣可以帮它感知水里的动静。它劫持了整条溪谷，是九岭山水族世界谁也不敢冒犯的山妖。在动物世界，很少有雄鲵这样的慈父，它的行为足以让众多的雄性动物汗颜。雌鲵冷漠、绝情，雄鲵却散发着柔肠万千的父爱，无微不至，不让孩子受半点的委屈，暖心的父亲弥补了幼鲵缺失的母爱。

雄鲵会为有身孕的雌鲵到处寻找合适的产房。当它测量到水深一米左右、有沙或泥的水底或洞穴时，便会铆足了劲，清除杂物，然后体贴地让雌鲵入住待产。有些任性的雌鲵竟然会在浅滩石间产卵，这可把雄鲵愁坏了。夜间，电闪雷鸣，大雨倾盆，小“山妖”像支队伍，游弋而出。雌鲵根本不喜欢孩子，许是觉得它们长大后会和自己一样丑陋，有的雌鲵会露出凶相，吃掉自己的孩子。

雄鲵看出端倪，果断地赶走雌鲵。它自己留了下来，把身体曲成弯月形，当作孩子们的摇篮，挡住湍急的水流，护住孩子们，雄鲵张开大嘴，摆出时刻准备出击的战斗样子，一天天耐心地等待幼鲵孵出来。至少半年时间，看着幼鲵能够自行猎食，自立门户，散去，雄鲵这才如释重负，慢吞吞地离去。

九岭山潭渊溪涧错落，很适合大鲵生活。这个有着漫长历史的“山妖”是动物王国的长辈，住在山腰，它们的存在是对水质最好的评估。它像潜水员，每天在澄清的水中遨游。九岭山负氧离子含量高，它隔一小段时间，便会从水里仰起头，在这里的天然氧吧中享受一番。

水里要栖，陆上也要栖，到了春夏时节，天气暖和起来后，大鲵会一改在水里待着的习惯，白天懒懒地爬上岸，寻找可口的食物，有时在树底转转，有时干脆爬到高高的树干上，来一场日光浴。大鲵把九岭山叫作故乡，把中国叫祖国，它要在这里做长生不老的妖。

沧海桑田，亿万年的时光里，大鲵又做回了无忧无虑的孩子，日子过得平淡从容。

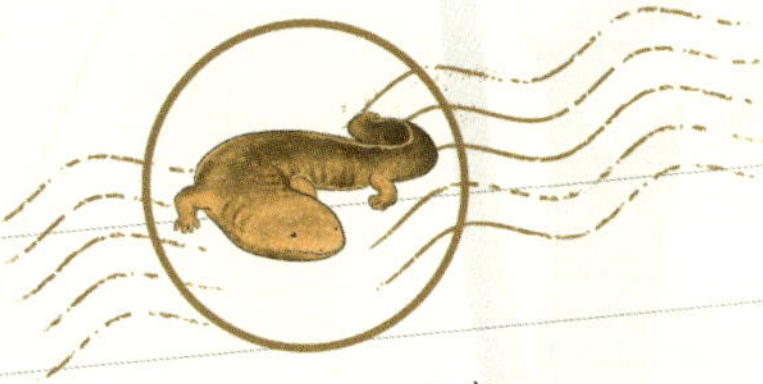

中国大鲵

现存最大的两栖动物，身长60~70厘米，大的可达2米，寿命达50~60年。身体背面棕褐色，腹色较淡，头宽而扁，口大，头上长着极小的鼻孔和眼，躯干粗壮而扁，尾侧扁。四肢很短，前肢四指，后肢五趾，趾间有蹼。大鲵为肉食性动物，栖息在山谷溪水中，常以溪中鱼、虾、蟹、蛙等为食，也捕食螺、蚌、水蛇、鼠类及水生昆虫等。因为叫声像小孩啼哭，又被称为“娃娃鱼”。在江西省见于江西井冈山国家级自然保护区、江西九岭山国家级自然保护区、江西庐山国家级自然保护区等地。

因大鲵有良好的经济价值、食用价值而曾受到猎捕，导致野外数量减少，目前人工养殖数量可观。在世界自然保护联盟（IUCN）“濒危物种红色名录”中大鲵属于极危（CR）物种，被中国列为二级重点保护野生动物。

延伸阅读

《尔雅》是中国古代第一部训诂学专著，全书收录4300多个词语，本20篇，现存19篇，按类别分为“释诂”“释言”“释训”“释亲”“释宫”“释器”“释乐（yuè）”“释天”“释地”“释丘”“释山”“释水”“释草”“释木”“释虫”“释鱼”“释鸟”“释兽”“释畜（chù）”。历史上多位不同时期的学者均对此书进行了注解，郭璞认为前人注释“未为详备，并多纷缪”，所以经过多年潜心研究，以实事求是的精神为其作注，是现存最完整的汉晋古注，也是最有影响的注本，被后世称为《尔雅注》。

九岭山国家级自然保护区位于江西省宜春市靖安县境内，地处长江中下游以南鄱阳湖平原与洞庭湖平原之间的九岭山脉与幕阜山脉的腹地。保护区以中亚热带低海拔区域的典型原生性常绿阔叶林、丘陵河流湿地生态系统和珍稀野生动植物为主要保护对象，是中亚热带许多动植物种类的栖身之地。

天空的君子：东方白鹳（guàn）

北方愈发寒冷，凛冽的风呼呼直吹，食物也越来越少。

东方白鹳齐刷刷地聚集在一起。空气中已充满凉意，它们要赶在雪落之前，往南方飞。被誉为“候鸟天堂，珍禽王国”的鄱阳湖此时正等待着它们的到来。

东方白鹳整装出发，翅膀展开，像撑开一把把又宽又大的伞。

天气转凉，各类候鸟拖儿带女飞往遥远的南方越冬，它们在天空成群结队，声势浩大。路途迢迢，这趟艰苦的旅行，对体力是一种考验。它们可不敢掉队，只能保持好队形，不停地飞。这是一支有组织守纪律的队伍，无论有多大的阻碍，它们始终只有一个念头，那就是去南方。

经过长途跋涉，第二故乡终于近在眼前——那是一大片碧绿的湖泊，烟波浩渺，水天一色。在阳光的照耀下，壮观的山河映入眼帘，东方白鹳目不转睛，仿佛都看呆了。它们抑制不住激动之情，身体也渐渐放松下来，一边叫着“到家了”，一边盘旋而下。鸟儿们在这偌大的湖上相遇，到处都是彼此问候的热闹和欢愉。

离鄱阳湖不远处，极其陡峭的高山就是久负盛名的**庐山**，那是天然的观鸟台。

乡里人和护鸟员就是这些鸟儿的“保姆”。早在十万候鸟到来之前，他们就刈（yì）割了冬草——草长得过于茂盛，不利于鸟类觅食。

东方白鹳是归巢性鸟类，它们生在树上，长在天空。它们常常还没来得及卸下万里迁徙的疲惫，就忙着用干树枝在树木顶端、枝杈上筑巢，有时还会在巢里垫上枯草、绒羽和苔藓。它们筑巢首选的是高大树木的冠顶，不过在鄱阳湖一带，高达数十米的大树是很罕见的，所以它们有时也会在电力铁塔上搭巢，大有登高望远之气魄，这也让田鼠、蛇、野猫等偷蛋捕鸟的敌人无从下手，就算是游隼（sǔn）、鹞（yào）子等天空霸主来偷袭，也讨不到好，因为白鹳会毫不犹豫地用坚硬、粗壮的黑色长喙进行反击。

鄱阳湖边缘的浅水或沼泽中常常可以看到鸟儿轻盈的姿态。大自然为鸟儿准备了丰盛的自助餐，这里有东方白鹳喜欢的大型昆虫、鱼类、两栖类和小型哺乳动物，它们饿了就吃，累了就卧

着，想活动筋骨就飞上一阵子，或者嬉戏打闹一下。瞧，一只东方白鹳正扇动着翅膀，跃起，摆出一副挑衅的模样，它面前的伙伴灵活地一闪。它们自由自在地、快活地群居在一起，这简直是鸟族的**大同世界**。

洁白的羽衣是东方白鹳自带的舞服。它们不但有大长喙，还有鲜红色的大长腿。东方白鹳缓缓地行走着——盛装的鸟就是爱表现，像T台上的模特，前后左右优雅地踱着步，尽情展示着它洁白美丽的毛羽。

这是鄱阳湖草甸上的盛典，湖面就是舞台，鸟儿起起落落，一边啼叫，一边翩翩起舞，跳给所有爱它们的人看。随着鸟儿愈来愈多，湖上“吱吱”“呱呱”飘荡着各种鸟语。兴奋的东方白鹳将翅膀一伸，将头高高地仰起，像是天生的舞者。百鹳争鸣，你唱我和，你呼我应，谁都不信有比自己更好听的鸣叫声，此起彼伏的鸟鸣声覆盖在鄱阳湖的波涛之上。

鸟儿带着湖泊主人的神态烂漫起舞，一会儿忽上，飞上枝头，一会儿忽下，停在水边，这里就是它们的王国，它们在这里生活繁衍，鄱阳湖是它们共同的巢。

一抹抹明亮之色擦拭着昏暗的冬天，给冬天的湖面带来了蓬勃朝气。白鹤响亮而悠长的鸣叫声在晨光里一点点放大，愈来愈响，唤醒了天空，而东方白鹳心如止水，它默默守着天变亮，整个鄱阳湖被点亮。

太阳落山了，血红色的夕阳衬映出归巢万鸟的剪影，格外耀眼、壮阔，人们只有远远翘首观望的份儿，恨不得长出翅膀，加入它们的行列。

既然有这么一个天堂，何必天南海北地奔忙？而且途中还可能有落单、遭袭等各种风险。鸟儿们心甘情愿地被这片大湖圈养着，在这里无论是培育后代，还是养老都是不错的选择，一切都可能改变，即便是鸟儿们迁徙的习性，是鄱阳湖这片近乎完美的栖息地，让鸟儿们都变懒了。

令人惊诧又在情理之中的事情发生了，有少数的东方白鹳放弃了回北方的念头，它们取消返回的计划，打定主意生活在鄱阳湖畔，做这里永久的居民。它们开始忘记故乡，成为鄱阳湖的留鸟。东方白鹳欢愉的叫声，是对江河湖泽最美的赞辞。

东方白鹳

鹳形目鹳科鹳属的大型涉禽。它体态优美，长而粗壮的喙十分坚硬，呈黑色，仅基部缀有淡紫色或深红色；喙的基部较厚，往尖端逐渐变细，并且略微向上翘；眼睛周围、眼线和喉部的裸露皮肤都是朱红色的，身体上的羽毛主要为纯白色；翅膀宽而长，并具有绿色或紫色的光泽；前颈的下部有呈披针形的长羽；虹膜为粉红色，外圈为黑色；腿、脚甚长，为鲜红色。

东方白鹳在中国除西北、西藏、广东、广西、澳门外，其余各地均有分布，但个体数量特别稀少。在江西省常见于江西庐山国家级自然保护区、江西鄱阳湖国家级自然保护区、江西鄱阳湖南矶湿地国家级自然保护区等地。

因东方白鹳繁殖分布区域狭窄，数量稀少，目前已处于全球濒危状态，在世界自然保护联盟（ICUN）“濒危物种红色名录”中属于濒危（EN）等级，被列为中国一级重点保护野生动物。

延伸阅读

庐山，位于江西省庐山市，是一处集自然风光和人文景观于一体的旅游胜地。地理位置优越，地处亚热带季风湿润气候区。庐山不仅是中华十大名山之一，还是世界文化遗产、世界地质公园以及国家5A级旅游景区。庐山拥有丰富的生物多样性和珍稀动植物资源，已知兽类有33种、鸟类171种，庐山的昆虫种类繁多，有2000余种，其中多为稀有品种。

大同世界是一个深植于中国传统文化中的理想社会概念，源自《礼记·礼运》篇，体现了人类对和平、公正、和谐共处的追求。

仙兽：梅花鹿

在赣北，有一片独立的山地，挨着安徽，名叫桃红岭，这里是梅花鹿的乐园，至少有600头梅花鹿在这里生活。

眼前的这头鹿，长着灰棕色的鬓毛，正漫步在向阳的草坡上，嘴里衔着一撮树皮。它的身上看不到人们想象中的有白色或淡黄色的斑点，倒像一头傻狍子。这是梅花鹿冬天特有的形象。

连绵的山峦高低起伏，桃红岭粉妆玉砌，一片寂静。

雪下了一整晚，小树杈“咔嚓”应声折断，这声响立即惊动了敏感的梅花鹿。梅花鹿喜爱在清晨的时候出来活动，这头独行的雄鹿非常警觉，但凡有一丁点儿声响，它三角形的脸上那对滴溜溜的大眼睛便迅速眺望过去，那两只立起来的大耳朵又长又尖，正快速有力地扇动着，捕捉声音。

梅花鹿的嗅觉和听觉都极为灵敏，若是察觉到危险，它会猛然转身，像跨栏选手一样飞跑起来，速度如闪电般，一下就不见了踪影。等到危机解除，它便立马刹住脚步，再回过头来小心地观察，眼神里无时不透露着防范和戒备。

胆小的梅花鹿是丛林中的弱势群体。繁茂幽深的桃红岭也居住着它的宿敌，如同样是保护动物的豺，以及豹那一类凶猛的山林霸主。

豺无时无刻不在等待着对梅花鹿下手的机会，或喊来更多的同伴帮忙，不少老弱孕幼的梅花鹿在豺的嘴下丧命。

那天，豺就隐蔽在大树后面，露出贪婪的目光，垂涎三尺地窥视着一头上了年纪的梅花鹿。它们翻山越岭紧紧追踪这头鹿，一段时日后，豺最后失去了耐心，它们饥饿难耐，再不补充能量，怕是连打斗的力气都没有了。

豺跳了出来，包围过来。梅花鹿知道气势汹汹的豺从来不会手软，但尖利、坚硬的鹿角是它天生的武器，既然跑不掉，也绝不能坐以待毙，它一跃而起，向着豺群横冲而去。

可惜这只孤单的老鹿最终因为体力不支，倒下了。弱肉强食，这就是残酷的丛林法则。

湿润的南风终于吹来了，桃红岭的春天生机勃勃，马尾松、油茶、杉木、竹子和各种药用植物郁郁葱葱，这时梅花鹿就会迁到向阳的坡地上，这里的草鲜嫩，水甘甜。

桃红岭**“山有文禽奇兽，美鹿争鸣”**。悦耳空灵的鹿鸣在丛林间响起，山泉在茂密的斑茅草丛中汩汩地流动，空气中弥漫着泥土和草木的气息。梅花鹿走过它们的专属通道，悠闲地下山饮水。

桃红岭给了梅花鹿灿烂的金色时光。这里是江西省唯一以灌草丛和灌木植被为主的自然保护区，到处都有它们爱吃的药草、果实、嫩叶和灌木，这里梅花鹿的数量每年都在增加。到了夏秋季节，它们又会转到背阴处去，而那时，它们的身上便长出了梅花斑点。

这时候的梅花鹿真是山林里的漂亮宝宝，斑点像一朵朵含苞待放的小梅花在它们身上尽情盛开着，这道风景线让人眼前一亮。

夏天时候的梅花鹿和冬季的样子差别很大，这是因为它们一年要换两次毛：夏天换成栗红色的薄毛时，毛里的白色素增多，梅花斑便很明显了；冬天时御寒的冬毛又长又厚，加上白色素减少，梅花斑便看不出来了。古时候，鹿皮不仅是婚寿仪式上的珍贵礼物，也是国家之间交往的国礼。

梅花鹿不但会换鹿毛，每年雄性梅花鹿那对似珊瑚般的角也会随着季节脱落，然后再重新长出来。有着四个分支的雄鹿角就像是美丽的艺术品，雌性梅花鹿不长角，但有两个可爱的小皮瓣顶在头上。

梅花鹿尾巴粗短，四肢强壮有力，它们蹦蹦跳跳，十分可爱。梅花鹿很聪明，差不多有相当于三岁儿童的智力。它们有一定的领地意识，会用角或蹄子划好自己的领土，并撒上尿液或分泌物作标记。

白天，梅花鹿躲藏在树林或草丛中休息，只有黎明时分或黄昏前后才会出来活动。看，有一头梅花鹿正扬起后腿，轻盈地跳跃，追逐着鸟儿玩耍，前蹄只需点一下地面，就弹跳得很高。它们神采飞扬地跑动着，浑身充满活力。“丽”字的繁体字是“麗”，里面就有个“鹿”字，可见古人认为鹿是美丽优雅的。

有梅花鹿的地方，就充满灵气，在那里能感受到蓬勃的朝气和欢乐。当你慢慢靠近它们，保持一定的距离，梅花鹿就会呆愣伫立在那里，默默地注视着你，目光温暖。它们并不害怕人类，有的鹿甚至愿意与人亲近，也许它们渐渐相信了人类也是值得它们倚仗的靠山。

以前可不一样，古人好射鹿，鹿是古人最喜欢狩猎的动物，从“逐鹿中原”“鹿死谁手”“群雄逐鹿”这些成语中，便不难想象当时鹿的命运是多么悲惨。

江西流传着一个故事，说**许逊**年少时，进山打猎，射中一只怀孕的梅花鹿。母鹿受惊产子，腹中小鹿坠落地上。母鹿不顾箭伤，痛苦万分，一遍又一遍地用舌头舔着死去的鹿崽，最后哀伤过度，断肠而亡。许逊目睹此景，大为震撼。他悔恨交加，当即折毁弓弩，立下誓言，永不狩猎。

梅花鹿还是个自愈小能手，它们的自愈能力在哺乳动物中可称最强，如果受了外伤，它们的伤口会自然止血，即使腿意外骨折了也不用担心，因为很快就会安然无恙，仅三天就能着地，到了第十天，竟然能够奔走，再过个十天，就完全恢复正常了。不仅如此，梅花鹿的免疫力也很强，传染病基本伤不到它们。

梅花鹿是瑞兽，仙气满满的“鹿”与“禄”谐音，鹿身藏百宝，所以象征着吉祥、富贵。老人口中的“福禄寿”，它可占全了，传说中它们更是常与寿星相伴。能与梅花鹿邂逅，可谓吉兆，怪不得人们见到它们就喜笑颜开。

梅花鹿

偶蹄目鹿科鹿属哺乳动物，又名花鹿。在中国，主要分布于东北、小兴安岭、长白山区以及华东、华南等地山区。梅花鹿是群居动物，多栖于山地森林或森林周围，常在清晨和黄昏活动觅食，白天则在树林中或较隐蔽的地方休息。它也是植食性动物，以豆科、菊科、白桦、地榆等草类和灌木的皮及嫩叶为食。毛色会根据季节变化：夏季呈栗红色，有许多白斑，状似梅花，毛稀薄，无绒毛；冬季则呈烟褐色，白斑不显著，有绒毛，毛厚密。眼睛下面腺明显，耳大直立，颈细长；四肢细长，后肢外侧踝关节下有褐色跖腺；臀部有明显的白色臀斑，尾短；鼻面及颊部毛短，毛尖沙黄色。因夏季有状如梅花的白色斑点而得名。

梅花鹿在江西省见于桃红岭梅花鹿国家级自然保护区、江西赣江源国家级自然保护区、九连山国家级自然保护区等地。

过去，因人类的滥杀，梅花鹿数量骤减。现今被列为中国一级保护动物，在《中国濒危动物红皮书》中属于濒危（EN）等级。

延伸阅读

桃红岭梅花鹿自然保护区位于江西省九江市彭泽县境内。1980年，彭泽县桃红岭发现了第一张梅花鹿皮，经过专家鉴定确认为野生梅花鹿的南方亚种。为了保护这一濒临灭绝的珍贵物种，江西省人民政府于1981年建立了江西省桃红岭梅花鹿保护区。

“山有文禽奇兽，美鹿争鸣”这句话出自《彭泽县志》，描述的是彭泽县境内自然景观和丰富的生物多样性。这一描述不仅体现了当地自然环境的优美，也反映了人与自然和谐相处的美好景象。

许逊（239～374年），晋时道士，道教净明派的祖师，被尊称为“许天师”“许真君”。他曾在江西学道并久居。做过县官，政声颇佳，后弃官周游江湖，在江南地区留下了斩蛟龙治水等神话传说，在江西民间受到广泛信仰和尊敬。

四不像归来兮：麋鹿

温润的鄱阳湖湿地上，纵横着许多清澈的溪河，一片片的水洼波光粼粼，枯枝败叶到处散落，吐着植物腐烂的气息。

那天黄昏时分，这里来了一群神奇的动物，惹得当地老乡瞪大了眼——他们从未见过长相如此奇怪的动物。

它们有着浅褐色的毛皮，生着一张马脸，头上那瑰伟的兽角也是独一份——说是鹿角，但与别的鹿角有些不同：前杈分叉，后枝长而直。它们还有一根细长的驴尾巴，不停地甩动着驱赶蚊虫，宽大的主蹄能分开变成两瓣，有些像平日里见过的牛蹄。

这些奇怪的动物一共有八头，都是公的，它们的身型有大有小，大的能有2米多长，肩高有1米多，它们在草滩上东张西望，流连忘返。

老乡乐不可支:“咦，这样的动物，还真没有瞧见过呢！”

它们渐渐兴奋起来，开始在湿地上迈开四蹄，先是踱步，接着渐渐跑动起来，虽然没有梅花鹿跑得快，但也显得生机勃勃。它们忘情地投入这片湿地，在这里愉快地奔腾。

有人认出了它们：这不就是传说中的四不像嘛！

四不像也是鹿的一种，叫麋鹿，它可大有来头。

在古代，麋鹿是十分珍贵的动物，但是由于环境变化和人为因素，麋鹿变得越来越少，到19世纪时，就只剩下北京**南海子**皇家猎苑内的一群了。1865年，这群麋鹿被欧洲人发现，随后就有数十头被陆续盗往欧洲。1900年，八国联军入侵北京，最后一批麋鹿惨遭厄运，有的被杀，有的被装上了西去的轮船。从此，麋鹿在故土销声匿迹。

麋鹿，麋鹿，迷失在异乡的一群鹿，它们在中国生活了数百万年，到了欧洲，动物园成了它们生活的驿站，或许是水土不服，或许是无法忍受被当作展品展览，很多麋鹿都死了，最后只剩下了18头！侥幸的是，它们后来到了英国，受到善待，不仅活了下来，种群还得以繁衍。

20世纪80年代，有5头公鹿和15头母鹿回到北京城郊的南海子麋鹿苑——这里是原先清朝皇家猎苑遗址，也是当年麋鹿出国之前最后的留守地。

自从南海子麋鹿苑成为中国第一座以散养方式为主的麋鹿自然保护区，现在许多地方都有了麋鹿的保护区，再没有人会猎杀它们。麋鹿怀揣着滚烫的热情，扩张版图的雄心在身体里膨胀。有一年发洪水，麋鹿凭着出色的水性，轻松地游过长江，找到了一片新的栖息地。

长江中下游是麋鹿的祖籍地，鄱阳湖流域是它们祖宗徜徉过的快乐老家。如今，它们仿佛给故土重新带来祥瑞之气，种族数量越来越大。住在鄱阳湖周边的乡民一直都善待前来的鸟兽，与麋鹿和睦相处。

麋鹿虽然身体粗壮，健硕有力，却性情温良，不强于攻击，整天无所事事地游荡，或在水里泡上一阵，或者干脆在泥里打滚，玩得不亦乐乎。现在，它们睁着两只圆圆的小眼睛，旁若无人地低头吃草。它们在这里过着美好的“鹿生”。

麋鹿

鹿科麋鹿属唯一的鹿类动物。因头脸狭长像马、角像鹿又与其他鹿略有不同、蹄子宽大像牛、尾细长像驴，因此又名“四不像”。它的角形独特，形状与其他鹿的犄角正好相反，前杈再分小杈，而后杈几乎不分叉。头大，吻部狭长，鼻端裸露部分宽大，眼小，眶下腺非常显著。麋鹿四肢粗壮，主蹄宽大、多肉，有很发达的悬蹄，行走时带有响亮的磕碰声。

麋鹿原产于中国长江中下游沼泽地带，为中国特有种。性好合群，擅游泳，以嫩草和水生植物为食。后来由于自然环境变化和人为因素，在东汉末年麋鹿近乎绝种，最后的麋鹿种群残存于长江中下游湿地。元朝时，为了供游猎，残余的麋鹿被捕捉运到皇家猎苑内饲养。到19世纪时，只剩下在北京皇家猎苑内的一群。后在战乱中有的被杀，有的被捕捉运往欧洲，从此在中国消失。20世纪80年代，一些麋鹿被送回中国，之后陆续有更多的麋鹿回归家乡，并有部分被放生野外。

2016年，麋鹿被世界自然保护联盟（IUCN）“濒危物种红色名录”列为野外灭绝（EW）物种，2021年被中国列为一级重点保护野生动物。在江西省，目前可在鄱阳湖国家湿地公园及周边地区见到它们。

延伸阅读

南海子麋鹿苑是我国第一座以散养方式为主的麋鹿自然保护区，位于北京市大兴区南苑至廊坊公路东侧鹿圈乡三海子，距北京城区14千米，占地60公顷。该保护区引进了豚鹿、梅花鹿、白唇鹿、马鹿、水鹿和狍等鹿科动物，成为中国鹿科动物的研究地和博物馆。